JN274878

小さなパン屋さん、はじめました。

女性オーナー
10人に学ぶ
お店のはじめ方・
続け方

Interview

1　朝日屋ベーカリー　松尾亜希子さん　5

2　Kepobagels　山内優希子さん　15

3　キナリノワ　清水麻美子さん　25

Q & A

1　パン屋さんになるためには、必ず修業が必要？　98

2　女性ひとりでパン屋さんを始めるのって難しい？　99

3　どうやってコンセプトを立てればいい？　100

4　コンセプトシートはどうやって書くの？　101

5　開業資金ってどれぐらい必要だろう？　102

6　開業資金はどうやって集めればいいの？　103

7　店名やロゴは、どんなふうに決めている？　104

8　メニューでオリジナリティを出すには？　105

Contents

4 35
Boulangerie dodo
本行多恵子さん

5 45
Beach Muffin
クラウチマリコさん

6 55
cimai
大久保真紀子さん & 三浦有紀子さん

7 65
L'atelier de KANDEL Tokyo
奥田有香さん

8 77
目黒八雲むしぱん
斎藤佳美さん

9 87
Fluffy
奥村香代さん

9 106 店舗物件はどうやって探せばいいの?
10 108 パン屋さんに必要な厨房機器って何?
11 109 中古機材の注意点って何だろう?
12 110 誰に設計・施工をお願いすればいい?
13 111 どうやって自分のイメージを伝えているの?
14 112 パン屋さんに必要な資格って何?
15 113 食品衛生責任者の資格と税務署への開業届って?
16 114 仕入れルートはどうやって確保する?
17 115 パンの値段はどうやって決めているんだろう?
18 116 お客さまに来てもらうにはどうすればいい?
19 117 パン屋さんの接客ってどうしたらいいの?
20 118 お店のホームページはどうやってつくる?
21 119 一緒に働くスタッフはどうやって見つける?
22 120 イベントに参加するメリットは?
23 121 パンの通販を始めてみたいんだけど……
24 122 パン教室を始めてみたいんだけど……
25 123 パン屋さんに向いてるのってどんな人?

Interview

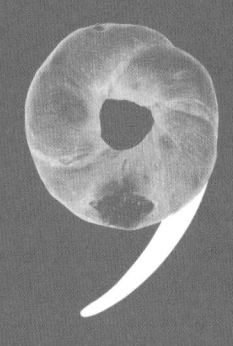

1

朝日屋ベーカリー

松尾亜希子さん

お客さまから「おいしかった」といってもらえる瞬間が、何よりも幸せ。そのために、日々、できる限りの努力を惜しまない。パンが大好きだから、「パン」を仕事にできることが楽しくてしょうがない。

「朝日屋ベーカリー」。なんて素敵な名前だろう。まぶしい朝の光の中、香り高い焼き立てのパンを頬張る。慌しい1日の始まりの時間に、ほっとできるひととき……、そんなイメージを想起させる。

もちろんお店の名前だけではない。手づくりの酵母と良質な素材、季節の野菜や果物を使って丁寧につくられたパンは、小さい子どもを持つお母さんたちを中心に人気を集め、「お料理も食べられるパン屋さん」として地域に定着している。

オーナーの松尾亜希子さん自身も、高校生と中学生のお子さんを持つ、お母さんだ。

「子どもの頃から、パンやケーキを焼いたり、料理をつくったりするのが大好きでした。でも、料理をすることは自分にとってあまりにも日常的すぎて、仕事にするという発想はありませんでした」

美容専門学校へ進学し、卒業後は美容師として働いた。結婚・出産を経て美容室を辞め、子育てをしながら、限られた時間の中で介護の仕事をしていたという。

「お年寄りの方々と接する中で、"食"の大切さに改めて気づかされました。一緒にパンを焼くイベントを行ったことがあるのですが、皆さんすごく楽しんでくださって、パンが焼けるのをきらきらした目で見ているんです。食欲がなかった方も、元気を取り戻して食事をとってくれて。年齢に関係なく、食べることって人間の基本なんだな、としみじみ思いました」

そんなときに出会ったのが、天然酵母のパンだった。

「ふわふわしていて自然な甘みがあって、これ、どうやってつくるんだろう？知りたい！と思って。酵母づくりは独学です。酵母が面白

| 1 | 朝日屋ベーカリー

お客さまやスタッフへの、
感謝の気持ちを大切にしたい。

いのは、生きているところ。気温やその他の条件に左右されるし、なかなか自分の思い通りにならない、子育てみたいなものですね（笑）。

お店を始めたのは、43歳のとき。子どもたちも大きくなっていたとはいえ、まだ手がかかる年頃だった。

「それでも、今やらないと一生できないと思ったんです。体力的にも年齢的にも、始めるなら今しかないのかなって。食を通して、何か社会とのつながりを持ち続けていたい、という思いもありました」

近所の人の顔が見えて、ゆっくりとパンやスイーツ、食事を楽しんでもらえる場所をつくりたい。そんなコンセプトで、開業の準備を始めた。

「まず始めたのは、物件探し。子育てしながら通える範囲にある物件で、ひとりでやっていける広さ。当然、家賃にも上限がありました。駅から少し離れているほうが家賃も安いし、

1　朝日屋ベーカリー

慌ただしくないだろうと思って、そういう場所を重点的に探しました」

最寄り駅の1日の乗降客数、近隣住民の人口、世代、周辺のパン屋さんの数等々、綿密なリサーチを重ねて、現在の物件にたどり着いた。

「アンティークや古いモノが好きなので、内装はレトロな雰囲気に仕上げました。なるべくお金は使わずに、でもみすぼらしくならないように。使えそうな什器類をアンティークショップで探し回ったり、気に入ったタイルが製造中止になって、慌ててメーカーに出向いて在庫をあるだけ全部買ってきたり……。お店の準備をしながらで大変でしたけど、楽しかったですね」

開店当初は、ひとりでお店を切り盛りしていた。朝4時にお店に入り、夜10時まで働く毎日。パンだけでなく料理も提供し、すべて手づくりにこだわっているため、どうしても時

間と手間がかかってしまう。そして家に帰ると、家事が待っている。

「開店から1年半ぐらいは目まぐるしい状態でした。家族の理解と協力のおかげで何とかやれていましたが、このままでは長く続けていけないと痛感しました。お店に立っていても、お客さまに疲れた顔を見せてしまう。これじゃダメだと思いました」

そんなとき、以前、同じ職場で働いていた信頼のおける女性がお店を手伝ってくれることになった。

「信頼できるパートナーを得たことで、ずいぶん楽になりました。パンづくり、料理、お店の切り盛り、新商品や季節のメニューの開発も、一緒にやっています」

ふたりの性格的なバランスが、ちょうどいいのだという。

「私は、やりたいことや夢ばかりがどんどん膨らんでしまう性格なんですが、彼女は、冷静に状況を見極めて、"ぜひやりましょう""今は止めておきましょう"という判断ができるタイプなんです。彼女以外の、パートやアルバイトのスタッフも、"このお店をもっとよくしたい"と、みんな一生懸命にやってくれています。スタッフに恵まれていると思います。一緒に働く仲間との関係は、お店の雰囲気にも反映されるから大切ですよね」

みんなと一緒につくり上げたパンや料理を、お客さまに「おいしい」といってもらえる瞬間が、何よりも幸せだという。

「新しいメニューを出したときは、とくにそうですね。どんな反応が返ってくるかドキドキしているので、お客さまが"おいしいね"っていいながら食べてくれるのを見ると、厨房でひそかにガッツポーズですよ(笑)」

今後も、地域のお客さまのニーズ

1 朝日屋ベーカリー

を掴んで、「おいしくて体によいもの」を提供していくことを目指している。

「天然酵母と国産小麦を使ったパンを中心に、卵と乳製品を使っていないナチュラルスイーツ、手づくりの料理やジャムなど、季節感を大切にした、安心して食べられるものをつくっていきたいと思っています。もっと気軽に使ってもらえるように、デリやサンドウィッチの種類も増やしていきたいですね」

パン屋さんの仕事って、率直にいってどんな仕事ですか？と尋ねると、「楽しい仕事」という答えが返ってきた。

「パン屋の仕事は、思ったよりも大変だけど、思った以上に楽しいものです。どんな仕事でも同じかもしれないけど、大切なのは、人と人とのかかわり。お客さまが来てくださることや、スタッフが懸命に働いてくれることにとても感謝しています。皆さんのおかげでやっていけるんだということを、忘れないようにしていきたいです」

自分のお店を持つことには責任も伴う。

「自分で開業するなら、簡単なことでヘコまないのも大事ですね。お店をやっていると、本当にいろんなことが起きるから。それでも、いろんなマイナス面とプラス面を比較してみると、やっぱりパン屋って楽しい仕事だなぁって思います。だから、続けられるんだと思いますよ」

こだわりのインテリア＆小物

1 子ども用のコップ

小さい子どもを連れたお母さんが多く来店するので、子どもたちにも楽しんでもらえたらいいなと、かわいい模様の入ったコップを用意した。

2 スツール

「イスが好き、とくにスツールが大好き」というオーナー。片方のスツールは、実家で使っていたもの。もうひとつは古道具屋さんで購入した。

3 ブランコ

オーナーが「どうしても店内につくりたかった」というのが、このブランコ。インテリアのアクセントだけでなく、子どもの遊具にもなっている。

4 パーティション

お店で使う家具を探し回っていたときに、アンティークショップで見かけてひとめぼれしたそう。さりげなく飾ったドライフラワーとの相性も抜群。

12

1　朝日屋ベーカリー

7　ショーケース
お店をオープンするときに購入した、パンを置くためのショーケース。「いろいろと探して比較した結果、インターネットで購入しました」。

5　洗濯ばさみ
こちらもアンティークショップで購入。パンを包むための麻布を干すために使用。「古くても味のあるかわいらしいもの」を選ぶようにしている。

8　フライパン
グラタンなどのオーブン料理に使う、ランチ用のフライパン。料理をして、このままテーブルへ。でき立ての温かいまま食べてもらえる。

6　ガラスの瓶
出張イベントのときに、スコーンやビスコッティを入れて販売するのに使っている。ブルーの色が絶妙で、お客さまからほしいといわれることも。

朝日屋ベーカリー

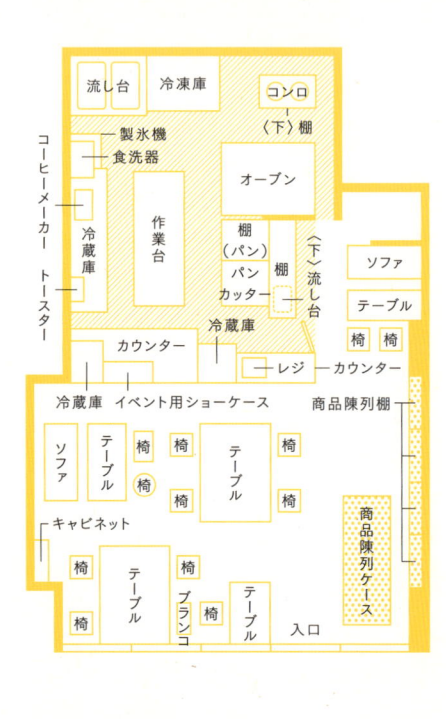

お店のプロフィール

オーナー　松尾亜希子さん
　　　　　（まつおあきこ）
　　　　　1966年10月15日生まれ
住所　　　東京都調布市国領町
　　　　　3・13・11・103
最寄駅　　国領
電話　　　042・486・7707
HP　　　　http://asahiya.petit.cc/
営業時間　平日7時〜19時
　　　　　土日祝日7時〜17時
定休日　　火曜、水曜、木曜
店舗面積　47.9㎡
オープン日　2010年2月12日

店舗オープンまでのスケジュール

2008年春　　開業を決意
2009年7月　開業準備を始める
　　　　　　物件探し
　　　　　　資金調達
　　　　　　不動産契約
2009年9月　内外装工事
　　　　　　厨房機器・什器の調達
　　　　　　仕入れ先の確保
2009年9月　試作／HP開設

開業のための資金

※2014年7月閉店
2010年2月　お店をオープン

開業資金　TOTAL 800万円
《内訳》
店舗取得費　　　40万円
内外装費　　　 250万円
厨房機器費　　 280万円
什器・備品費　　50万円
仕入費　　　　　10万円
運転資金　　　　70万円
その他　　　　 100万円

《資金の調達方法》
自己資金　　　 400万円
借り入れ　　　 400万円（公庫から）

2

Kepobagels

山内優希子さん

幼い頃からなりたかった「パン屋さん」という職業。別の仕事に就いて、充実した毎日を送っていても、その夢を忘れることはできなかった。いくつになっても、何かを始めるのに「遅すぎる」なんてことはない。

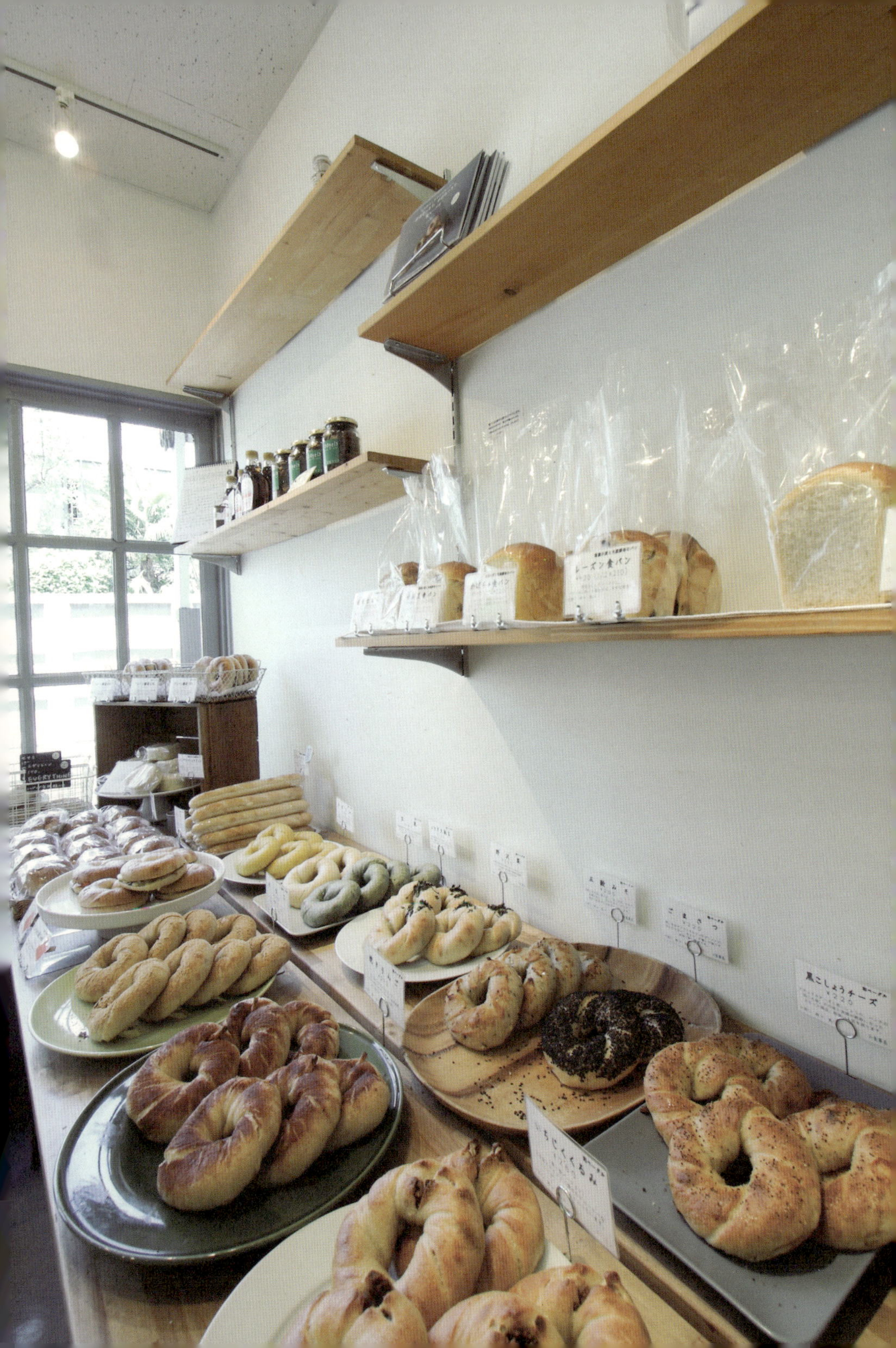
レーズン食パン
黒こしょうチーズ
ごまさつ

Kepobagels

子どもの頃から憧れていた仕事。迷ったけれど、「パン屋さんになる」と決めた。

世田谷区、上北沢の駅からすぐ近く、線路沿いにあるベーグル専門店「Kepobagels」。オリジナルの「和ベーグル」と、スタンダードなタイプの「ニューヨークベーグル」が並ぶ店内には、焼き立てのベーグルの香ばしい匂いが漂っている。
オーナーの山内優希子さんは、子どもの頃から大のパン好き。就職するときもパン業界への道を考えたが、大学でマスメディアを専攻していたこともあり、出版社へ入社した。
「編集者として忙しく働きながら、いろんなお店のパンを食べ歩き、自宅でもパンをつくる毎日。社会人になってあっという間に10年が過ぎました。修業時代に入りすごくおいしいベーグルをつくるお店があったので、そこへ修業に入りましたが、やっぱりパンが好きだ、という気持ちが強くなるばかりでした。今からパン屋の修業をしても遅いかな、でもこのままでいいのか……としばらく悩んでいたものの、こんなに悩み続けるぐらいなら、もうやったほうがいい! とようやく決心して退職。33才のときでした」
住み慣れた東京を離れ、独立開業を前提に、京都のパン屋さんで修業を始めることにした。
「すでに30代半ばで、責任ある仕事を任されていた自分にとっては、それが難しかった。注意されると心の

大学時代を京都で過ごしたのと、生活が一変しましたね。それまでとは収入は三分の一になり、休日も減りました。慣れてしまえば平気でしたが、生活よりも大変だったのが、修業という立場に慣れることでした」
修業に入った以上、師匠のやり方に従わなければならないし、自分で勝手に判断することはできない。

修業期間も最初からある程度決めていたという山内さん。まずはコンセプトを決めることから取りかかった。

「お店のスタイル、ターゲット、商品の特徴。イメージを決めたら、それに合う立地、広さ、客単価、開業に必要な費用等を具体的に挙げてコンセプト表をつくってみる。あくまでイメージなので、自由に書き出してみました。それから企画書を書きます。コンセプト表を書き始めてから最初の企画書を書き上げるまで半年はかかりましたね。その後も、企画書は何度も内容を変更し、書き直しました」

その中で、なかなか決まらなかった項目がある。それは、商品について。

「実は、最初からベーグル専門店をやろうと決めていたわけではないんです。ベーグルは好きだけど、ベーグルだけでは弱いんじゃないか、い

中で"でも、だって"と言い訳をしてしまう。自分の殻を破るのに少し時間がかかりましたが、今は修業させてもらっている身なんだから、まずは師匠のやり方や考え方をすべて真似することから始めようと思い直しました。それからは、お店の仕事に全力で取り組み、休日は試作や開業のための情報収集に時間を費やしました。女性ひとりで経営しているパン屋さんを訪ねて、お話を聞きに行ったこともありました」

具体的な開業時期の目標があり、

ろんなパンがあったほうが受け入れられるのでは？と考えればぎりぎりまで悩んだ結果、やっぱりベーグルに絞ってできるだけ完成度を高めようと決めました」

最初のお店での修業を終えて、ニューヨークへ。ベーグルづくりについてより詳しく学んだ後、日本へ戻り、さらに奈良のパン屋さんで修業を続けた。

「自分が習得したい技術がはっきりしていたので、以前から知り合いだった社長にそのことを伝えて、期間を決めて実践で学ばせてもらいました。もちろんこの期間は無給です。仕事を早めに切り上げさせてもらい、メーカー主催の勉強会などにも参加しました」

そして予定通り、約1年半の修業期間を終えて、東京へ戻った。

「住む場所は決まっていたので、そ

ケポベーグルズ 営業中

2 Kepobagels

こから近い物件を探しました。自分が育った町なので、お客さまのイメージや、人の流れもわかっていました。ここに決めたのは、広さがちょうどよかったのと、すぐ裏に幼稚園があるのですが、昔、そこに通っていたんです。近くにパン屋さんがあって、大きくなったらパン屋さんになりたいなぁと憧れていたのを思い出して（笑）。やるならここかなと」

場所を決めて、内外装業者、厨房機器も選定した。次は仕入先の確保だ。

「関西で修業をしたので、東京の問屋さんには知り合いがおらず、自分でゼロから探しました。電話をかけて、ほしい材料のリストを渡して見積もりを依頼し、交渉しました。まったく取引のない個人ですから、信用してもらうためにはどれだけ本気でやろうとしているか、具体的な

計画を伝えることが大事。しっかり説明ができるようになるまでは、何度か失敗もしましたね」

お店の名前を決め、ロゴは知り合いの子どもに書いてもらった。店名の「Kepo」は、山内さんのあだ名だ。

「ロゴをスキャンして、看板は自分で描きました。電車の中から見える場所にあるお店なので、オープンしてから"看板を描いているのを電車から見て、気になっていたんです"といって来てくださったお客さまもいました。ちょっとしたパフォーマンスというか、宣伝になっていたみたいです」

ひとりでつくって売ることも考えていたが、先輩のパン屋さんのアドバイスに従って、販売のアルバイトを探すことにした。

「最初の1年は収入的に苦しくても、人を雇わないとパンがダメになる

よっていわれたんです。でも、まだオープンしていないお店なのでアルバイト探しは苦労しました。結局、知り合いの紹介で、パン屋さんでの販売経験がある方が来てくれました」

開業にかけたお金は、すべて自己資金。借金はしなかった。

「いつか店をと思いながら長いこと会社員だったので、それなりにお金を貯める期間があったんです。一方で、お金を借りる勇気がなかったという理由もあります。借金をすれば、毎月返済分の売上を確保しなければならないですから。使えるお金の枠分は決まっているので、妥協できる部分は節約し、ここだけはきちんとお金をかけるという部分にはきちんとお金をかけるように、じっくり考えました」

そしていよいよ、お店はオープン。当初は売上が安定しない時期もあったが、開店1年後には製造のスタッフも雇えるようになった。現在は、

山内さん以外に製造3人、販売1人のスタッフが働いている。

計画的に段階を踏んできたように見える山内さんだが、「始めるまでは迷ってばかりでしたよ」と笑う。

「ちょっとしたことですぐ不安になって、本当にお店なんてできるんだろうか、やっぱり私には無理なんじゃないの？って落ち込むことが、定期的にやってきました。自分に自信がないから、迷うんですよね。そんなときの解決方法は「試作をすること」だったという。

「好きなパンづくりをしていると、小さな迷いは吹き飛んでいきます。それでも気分が晴れなかったら、自分を応援してくれる人に会って話をしました。厨房機器や材料メーカーの方たちは、お店を本気で始めようと思っている人を応援してくれるし、

2 Kepobagels

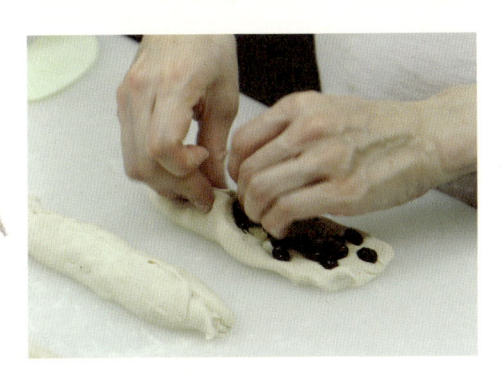

相談にも乗ってくれます」

お店を始めて2年目に結婚、出産もした。現在、ふたり目のお子さんがお腹にいる。

「子どもができて、よりいっそう仕事とプライベートのメリハリがつくようになりましたね。安心して子どもの口に入れられるパンをつくりたいという気持ちも、強くなりました」

これからも、このお店でベーグルをつくり続けていきたいという山内さん。

「お店を増やしたいとか、大きくしたいっていう気持ちはあまりないんです。それが女性経営者のよくないところなのかもしれませんが（笑）。このお店をライフワークとして、ベーグルの可能性をもっと広げたいし、ベーグルのおいしい食べ方を提案していきたいと思っています」

21

人気ベーグルのランキング

1位

焼きりんご
230円

甘く煮てバターでソテーしたりんごが入っているので、サクサクした食感が楽しめる。トッピングはシナモンシュガー。年間を通して人気の一品。

2位

きなこ
180円

きなこを渦巻状にたっぷり入れた生地でつくる。こぼれてもこぼれても、入るだけきなこを巻き込むのが特徴。オープン当初からずっと人気。

3位

レモン大納言
250円

大納言小豆とレモンピールの、意外な組み合わせ。あんぱんを食べていて、ふと思いついたレシピだそう。さわやかな甘酸っぱさがクセになる。

4位

シナモンレーズン
160円

伝統的な製法のニューヨークベーグル。こちらは、シナモン生地にレーズンを練りこんでつくる。1日3回は焼いている、定番人気の商品。

22

2 Kepobagels

5位

ピザ
360〜390円

お腹いっぱいになる食事系パンも人気。トマトとバジルペーストの定番のほかに、サーモンと黒オリーブなど、季節ごとに別バージョンも。

7位

サーモンサンド
400円

ベーグルのサンドウィッチも大人気。クリームチーズとスモークサーモンは、ベーグルサンド王道の組み合わせ。間違いないおいしさ。

6位

ミルクロング
190円

酵母6%の生地をベーグルとは違う工程で発酵させ、焼いている。よつばバターを使ったミルキーなクリームが中に入っていて、もちもちした食感。

8位

黒糖ラスク
S610円
L1200円

食パンを使ったラスク。カリカリに焼いた食パンに、沖縄の黒糖と北海道のバターを絡めてつくる。濃厚な甘さとほどよい歯ごたえが後を引く。

Kepobagels
ケポベーグルズ

[店舗平面図：棚（材料）、裏口、ミキサー、作業台、ドウコンディショナー、冷凍冷蔵庫、〈下〉冷蔵庫、ゴミ箱、流し台、コンロ、〈下〉冷蔵庫、作業台、ワゴン、台、台、トランポラック、オーブン、椅子、カウンター、商品陳列ケース、レジ、冷蔵庫、扇風機、テーブル、椅子、商品陳列台、商品陳列台、入口]

お店のプロフィール

オーナー　山内優希子さん（やまうちゆきこ）
　　　　　1973年7月9日生まれ

住所　　　東京都世田谷区上北沢
　　　　　3・17・8

最寄駅　　上北沢

電話　　　03・6424・4859

HP　　　　http://www.kepobagels.com/

営業時間　9時〜19時

定休日　　月曜（祝日の場合は営業）、火曜

オープン日　2008年4月4日

店舗面積　40㎡

店舗オープンまでのスケジュール

2005年頃　　開業を決意
2006年7月　　京都のパン屋さんで修業
2007年9月　　ニューヨークでベーグルの勉強
2007年10月　　奈良のパン屋さんで修業
2008年1月　　東京へ戻り、開業準備を始める
2008年2月　　物件探し
　　　　　　不動産契約

2008年3月　　内外装工事
　　　　　　厨房機器・什器の調達
　　　　　　看板を描く／試作
　　　　　　HP・DM作成
　　　　　　プレオープン

2008年4月　　お店をオープン

開業のための資金

開業資金　TOTAL　1300万円

〈内訳〉
店舗取得費　　　100万円
内外装費　　　　300万円
厨房機器費　　　270万円
什器・備品費　　80万円
広告宣伝費　　　10万円
仕入費　　　　　10万円
運転資金　　　　500万円
その他　　　　　30万円

〈資金の調達方法〉
自己資金　1300万円

24

3

キナリノワ

清水麻美子さん

自宅でパン屋さんを開いてみたい。パンづくりが好きな人なら、一度は考えるかもしれない夢を実現したのが、こちらのお店。すべてをひとりで切り盛りするオーナーの人柄も、ご近所から愛されている理由のひとつ。

子どもを言い訳にしたくない。
始めてしまえば、何とかなる！

3 キナリノワ

神奈川県横浜市、生麦駅からてくてく歩き、静かな住宅街の坂道を上る途中に、「キナリノワ」がある。週2〜3回だけオープンする、自宅パン屋さんだ。

開店日は不定期にもかかわらず、ベビーカーを押したママさんや、ご近所さんたちが朝から次々に訪れて、夕方前には売り切れてしまう。

パンづくりも販売も、オーナーの清水麻美子さんがひとりで行っている。

カフェスペースでのんびり過ごしていく常連さんたちとおしゃべりを楽しみながら、テキパキとその日のパン屋さんにシフトしていきました。」

作業を進めていく清水さん。この場所で自宅パン屋さんを始める前は、江戸川区の自宅でパン教室をしていた。

「自分の食べたいパンをつくりたいと思って教室に通い始めたんです。あっという間にコースを修了し、教室を始めるための資格も取得しました。最初は教室で習ったパンを生徒さんに教えていたのですが、徐々に好きな材料で自分がつくりたいと思うパンにシフトしていきました。」

パン教室を運営しながら、さまざまなイベントに参加してパンを販売した。

「人の輪が広がっていくことでつながりが実感でき、それがすごく楽しかったんです。その頃、イベントに参加するときに使っていたのが"ki nari cafe"という名前でした。今でも、イベントには積極的に参加しています。それもあって、お店を開ける日が限られてしまうんですよね。でも、イベントは自分にとって原点みたいなものなので、誘われたら基本的には断らないようにしています」

現在のお店がある家は、もともと清水さんの実家で、お父さんが事務所として使っていた場所だった。そ

にわのわ
アート&クラフトフェア
チバ
パンフェス
BREAD FESTIVAL
2012.9.22.SAT・9.23.SUN
BAKERY
SHARE
世田谷パン祭り
11.23 Fri 10-17

の場所が空くことになり、現在のようなスタイルのお店を開くことになったのだ。

「初めは、江戸川区にいた頃と同じようにパン教室をやろうかと思っていたのですが、なじみのない土地でいきなり教室を始めても、誰も来てくれないかもしれない。それなら、お店にしたほうがいいんじゃないかと考えたんです。でも、教室とお店では全然違うので、ご近所の方々に受け入れてもらえるのだろうか、という不安はありましたね」

お店で出すパンのコンセプトは決まっていた。「自分が好きな、食べたいパンをつくること」。

「定番の四種類と食パン、あとはそのときの直感、ひらめきでつくるパンです。私にとって感じたままにパンをつくることが嬉しい作業なんです。その結果、いろいろな具材をたくさん入れたパンが多いのですが、"試作"ではなく、"つくる"という作業を重ねて、おいしい完成に向かっていく感じですね。生地は2種類だけイーストで、あとはすべて自家製酵母。そのほかの材料についても、八丈バター、牧場から直送の牛乳、千葉の無農薬野菜など、品質のよさには妥協していません」

質の高い素材にこだわりながらも、可能なかぎり価格をおさえている。

「いろんな方に買っていただきたいので、あまり価格を高くしたくないんです。自分がパンを買うときにも、今でこそ営業日には大盛況のお店だが、オープン当初から順調だったわけではない。

「オープン前には近所のお宅に、ポスティングをしました。でも、最初一個300円以上すると"高いなぁ"って思うので」

それをお客さまからおいしいといってもらえるのが一番の喜びです。"試作"ではなく、"つくる"という……。ようやく売上が安定してきたのは、オープンから1年経った頃でしょうか」

最初はパンを買うだけだったお客さまが、少しずつお店で時間を過ごしてくれるようになり、リピーターが増えていった。

「ブログを見て来てくれた方が、意外なほど多かったですね。イベントを開けていても、売れ残りがどっさりは全然でしたね。19時過ぎまでお店

でキナリノワを知った方がブログに書いてくれて、それを見てうちのことを知った、というお客さまもいらっしゃいました」

今では、まるで友達の家に遊びに来るような感覚で、常連さんたちがゆっくり過ごしている。とくに、赤ちゃん連れのお母さんが多い。

「ひとりで来たお客さまが、ここでほかのお客さまと仲良くなることも多いですね。月3回ほど、ランチも出しています。これは、自宅でのカ

フェ開業を目指している女性に、う
ちで1日カフェをやってみない？と声をかけてすぐに満席になってしまうぐらい人気なんですよ。キナリノワをきっかけに、いろんな人とのつながりが広がっていくのが嬉しいですね」

中学生と小学生のお子さんを持つお母さんでもある、清水さん。パンづくり、お店の切り盛り、イベント参加等々、バイタリティあふれる毎日を送っている。

「週2〜3回しかオープンしないので、"マイペースに営業できて、余裕があっていいわね"っていわれることが多いのですが、実際のところはそうでもないんですよ。ひとりでつくっているので仕込みでも時間がかかるし、接客もひとり。イベントにも参加して……となると、ほとんど休みはありません。でも、好きでやっていることなので苦にはならないですけどね」

子どもたちにも、楽しく仕事をし

3　キナリノワ

ている自分の姿を見てほしいと思った。子どもがいるから、ということを言い訳にはしたくないという。

「私がパン教室に通い始めた頃はお腹に子どもがいたし、自宅でパン教室を始めたときも、まだ子どもたちは小さくて手がかかる年齢でした。子どもがいても、始めてしまえば何とかなる。子どもがいるから自分のやりたいことができなかった、と思いたくないんです」

自宅でパン屋さんをやることのメリットと難しさについても聞いてみた。こんなメッセージをいただいた。

「メリットは、家賃がかからないこと。通勤時間がないこと。子どもがいてもできること。ただ、住宅街の中ですから、場所を知ってもらうには時間がかかるかもしれません。どうやってお店の存在を知ってもらうのかというのは、難しいですね。うちの場合は結果的に、ポスティングよりもブログのほうが、効果がありました」

そしてパン屋さんを目指す方へ、こんなメッセージをいただいた。

「自分の好きなこと、楽しいと思えることを追求するのが一番。それは、お客さまにもきっと伝わるはず。利益だけを追求するなら、小さなパン屋さんはおすすめしません。単価は安いし、労働時間も長い。だからこそ、パンづくりが好きで、楽しくないと続けていけないんじゃないかなって思います」

31

パン屋さんの1日

3:30 起床 季節によって時間は変わるがだいたい3時半〜4時半

4:00 お店に入り、掃除をしてから準備を始める

4:10 天然酵母のパン生地を様子を見ながら成形

8:00 イーストのパン生地をこねて成形。パンを焼き始める

11:00 開店準備 焼き上がったパンをショーケースに並べる

11:30 開店 並んで待ってくれているお客さまも多い

12:00 接客しながらパンづくりを続ける

3　キナリノワ

13:30　すべてのパンが焼き上がる

15:00　お客さまがひと段落し始める。一息つき、パンをつまむ

16:00　売り切れまで営業。最近は17時前には売り切れる

17:00　閉店　レジ閉めなどを行う

18:00　家族の食事の準備、後片づけ、その他の家事

19:00　翌日に焼くパンの仕込みを始める

22:00　なるべく早めに就寝

キナリノワ

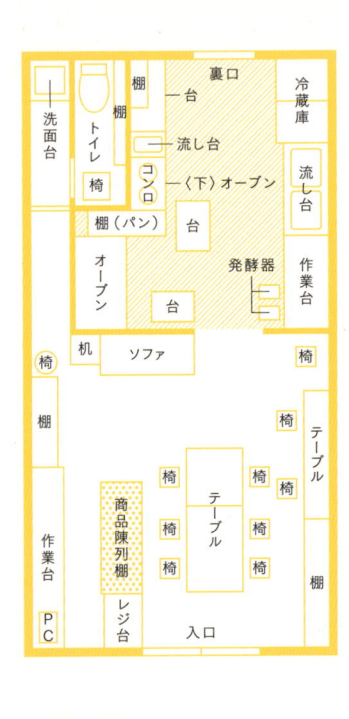

お店のプロフィール

オーナー　清水麻美子さん（しみずまみこ）
　　　　　1973年9月26日生まれ
住所　　　神奈川県横浜市鶴見区岸谷2・13・22
最寄駅　　生麦
HP　　　 http://kinarinowa.blog116.fc2.com/
営業時間　11時30分〜18時（売り切れまで）
定休日　　HPにて要確認
店舗面積　約34㎡
オープン日　2010年9月14日

店舗オープンまでのスケジュール

2006年4月　江戸川区の自宅でパン教室を始める
2010年4月　開業準備を始める
　　　　　　横浜に引っ越し
　　　　　　内外装工事
2010年7月　厨房機器・什器の調達
2010年8月　仕入れ先の確保
　　　　　　チラシ・DM作成
2010年9月　お店をオープン

開業のための資金

開業資金　TOTAL　600万円
〈内訳〉
内外装費　　299万円
厨房機器費　125万円
広告宣伝費　1万円
仕入費　　　10万円／月
運転資金　　165万円
〈資金の調達方法〉
借り入れ　　600万円（母親から）

4
Boulangerie dodo
本行多恵子さん

「自分がおいしいと思うパンを、楽しみながらつくりたい」。パンづくりの原点ともいえるそんな思いを大切に、地元で小さなパン屋さんを開業。家族と友人に助けられながら、今日もおいしいパンづくりに励む。

地道にコツコツ、日常のパンをつくる
「町のパン屋さん」でありたい。

千葉市稲毛区のみどり台駅から、歩いて5分ほど。車の通りもそれほど多くない静かな住宅街に、ぽつんと佇むお店が「ブーランジュリー・ドド」だ。そこにパン屋さんがあると知らなければ、通り過ぎてしまいそうなささやかな店構えだが、訪れる人は引きも切らない。
開け放されたドアから店の中に入ると、目の前にずらっと並ぶパンの数々。とくに、ハード系のパンの種類が充実している。
「いらっしゃいませ」と笑顔で声をかけてくれたのは、ハンチングに

チェックのシャツを身に着けた、おしゃれな年配の男性。このお店のオーナーである本行多恵子さんの、お父さんだ。本行さん自身は、奥にある厨房でパンづくりに専念している。
「販売は家族と昔からの親友に交代で担当してもらっています。ひとりでやろうと思って始めた店でしたが、さすがに手が回らなくなってきて、家族と友人に、本当に助けられています。父を慕って来てくれるお客さまも多いんですよ。父が休みの日には〝お父さん、いないの？〟って

残念がられたりして、ちょっと嫉妬しています（笑）」
そういって、おおらかに笑う本行さん。見るからに「おいしいパンをつくりそうな人」という雰囲気が漂っている。
本行さんがパンづくりに目覚めたのは、学校を卒業して就職したホテルだった。
「ベーカリー担当の方と仲よくなり、パンづくりを目の前で見せてもらううちに、自分でもやってみたいと思うようになったんです。もともと母が自宅でパン教室を開いていて、パ

36

Boulangerie dodo

ンづくり自体は身近でしたが、お手伝い程度でしかしていませんでした」

本格的にパンづくりを学びたいと思い立ち、仕事を辞めて、専門学校の製パンコースへ入学。卒業後は、都内のパン屋さん「ユーハイム」に就職した。

「ちょうどユーハイムが丸ビルに新店舗をオープンするときで、志賀勝栄シェフのもとでパンづくりをしてみたいという気持ちが強く、ここで働こうと決めました」

最初の1年は、販売を担当。パンづくりに携わることはできなかったが、「お客さまとの会話も楽しかったし、販売の視点から学べることもたくさんありました」という。そして2年目から、いよいよ念願の厨房へ入ることができたのだが……。「とにかくもう大変でした。パンづくりの知識はあっても、実際に現場に入ると全然違う。今まで私は何を

学んできたんだろうって、自信をなくすこともたびたびありました。失敗も多かったし体力的にも辛くて、もう私には無理だって何度も思いましたし、パンを特別なものじゃない日常食として食べているフランスへ行ってみたいと思いっていたので、行くなら今かなと思い始めて」

「もう辞めてしまおうか……、そう思うたびにフォローしてくれたのが、志賀シェフだった。

「志賀さんには本当にお世話になって、育てていただきました。ひとつの工程でつまずいたら、じゃあ別のところを担当してみる? と配置を考えてくれたり、相談に乗ったりしてくれる。技術やセンスが一流なだけでなく、人柄も素晴らしい方なんです。ほかの店だったら、私はパンづくりを続けられなかったかもしれません」

仕込み、成形、オーブン等、ひと通りの工程を担当し、自分のペースで仕事ができるようになったのは、入社から5年が過ぎた頃だった。

「ようやく落ち着いて周囲が見られるようになり、自分の将来について考えるようになって、常々、パンを特別なものじゃない日常食として食べているフランスへ行ってみたいと思っていたので、行くなら今かなと思い始めて」

5年半勤めたユーハイムを退職し、フランスへ留学。ボルドー、アルザス、ルヴィガンと、フランスの地方都市をパンづくりを経験した。

「1軒目はレストランのパン部門、2軒目はドイツに近い場所にあるパン屋さんで、ホームステイをしながら働きました。3軒目の田舎町にあるパン屋さんは、フランス人のシェフと日本人の奥さんが心を込めてパンづくりをしていて、ちょっと形がイビツでも最高においしいパンをつくるお店でしたね」

留学を終えて日本に帰って来る頃

4 Boulangerie dodo

には、「自分のお店を持とう」という気持ちは固まっていた。

「規模の大きい店は分業制が普通なので、パンづくりの全工程に携わることはできません。買ってくれる方の顔を見ることもなく、ただひたすら厨房でつくり続ける毎日。今からどこかへ就職するよりも、自分ひとりでやっていける規模のお店で、お客さまの顔を見ながら、納得のいくパンづくりをしたいと思ったんです」

場所は初めから、地元の千葉と決めていた。メニューの中心に据えたのは、大好きなハード系のパンだ。

「子どもや年配の方にハード系のパンは受け入れられないかも、という懸念はありました。でも、やっぱり自分が好きで自信のあるパンを出したかったし、ハード系のパンの食べ方を提案して多くの方に知っていただきたいという気持ちもあったんで

す」

ひとりでやっていこうと思っていたので、駅前ではなく、あえて駅から少しはなれた静かな住宅街にある物件を探した。

試作をくり返し、いろんな人に試食をしてもらいながら、地元の雑貨屋さんや美容院など、雰囲気が「好きだな」と思えるお店に開業の相談をした。試作したパンを持ち歩き、イベント等で出会った人に、「パン屋を開くんです」と名刺代わりに渡すことで、異業種の人脈も広がっていった。

そんな中で見つけたのが、現在の物件。以前はベーグル屋さんがあったので、「あの場所にパン屋さんがある」と知られていたのがプラスに働いた。

「チラシもつくらず宣伝もまったくしなかったのですが、店の前を通る方が工事中から〝何のお店ができる

「私の場合は、マイペースなだけです(笑)。追い立てられて仕事をするのは苦手だし、自分がおいしいと思えるパンを、楽しいと思いながらつくりたい。ひと口に〝パン屋さん〟といっても、タイプはいろいろだと思うんです。私は、地道にコツコツ日常のパンをつくる、町のパン屋でありたいんです。うちのパンは天然酵母でもないし、国産小麦を使っているわけでもありません。けれど、選び抜いた材料で、添加物を加えずマジメにつくっています。特別なものじゃないけど、〝またあの店のパンが食べたい〟と思ってもらえるようなパンをつくり続けていこうと思っています」

の?〟と聞いてくれて、口コミで〝新しいパン屋さんができる〟と広がっていたみたいです」

オープン当初から客足は好調で、今では週末になると行列ができるほどの人気店に。遠方から訪れるパン好きのお客さまも多い。

「通販をやってほしいというご要望をいただくことも多く、ありがたいお話なのですが、今のところ通販は考えていません。〝お客さまの顔が見えるように〟と思って始めた店だし、パンは焼き立てが一番おいしいので、うちのパンを通販で買うよりも、ご近所にあるパン屋さんで買って食べたほうがきっとおいしいと思うんです」

小さくても自分のお店だからこそ、やりたいことを決めたらしっかりと貫き通す。お店を続けていくためには、そんなブレない強さが必要なのかもしれない。

わたしの7つ道具

1

ドウコンディショナー
生地の冷凍→解凍→発酵をする機械。仕込んだ生地をドウコンディショナーに入れてタイマーをかけておくと、翌朝すぐに焼き始めることができる。

2

オーブン
パンづくりには欠かせないオーブン。「中古で買うと前に使っていた人のクセがついていることが多いので、試し焼きさせてもらって慎重に選びました」。

3

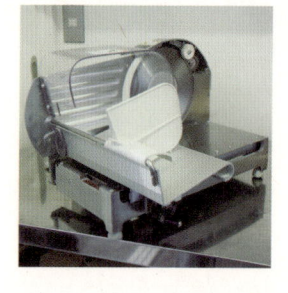

スライサー
4枚切り、6枚切りなど、厚みを設定して使うパンスライサー。焼き立てのパンも、包丁で切るよりキレイに切れる。誰でも使いやすいところがポイント。

42

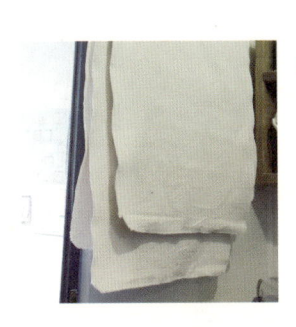

4　Boulangerie dodo

6　はかり

1個分のパン生地の重さを量るために使用。「わざわざ目盛りを目で見なくても音で判断できるので、作業効率が上がるところが気に入っています」。

4　キャンバス

フランスパンを発酵させるとき、板の上に敷いておくキャンバス地の布。パン生地がくっつきにくく、やわらかい生地の形が崩れにくい。

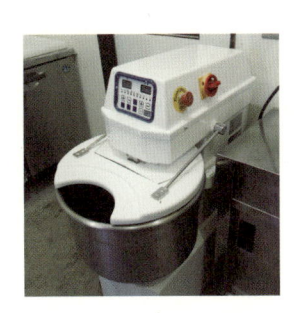

7　ピール

焼けたパンをオーブンに出し入れするときに使う。「木製なので使っているうちにどんどんすり減ります。サイズはいろいろですが手に馴染むのが大事」。

5　スパイラルミキサー

「フランスパンは手でこねますが、それ以外の生地はこれを使ってこねています」。以前、勤めていたお店で使っていたのと同じ、慣れている型を使用。

Boulangerie dodo
ブーランジュリー・ドド

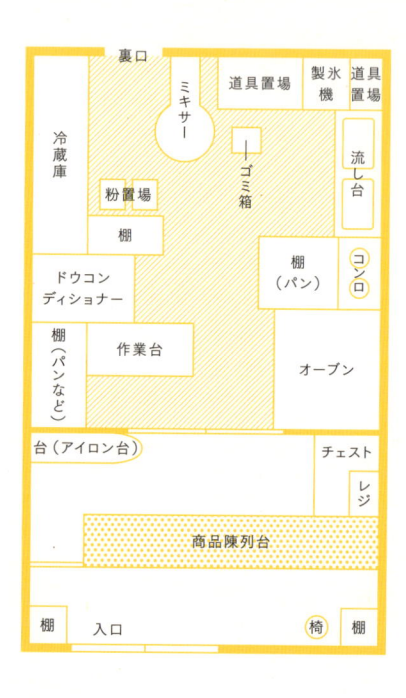

店内見取り図ラベル：裏口／具道場／道具置場／製氷機／道具置場／ミキサー／流し台／冷蔵庫／粉置場／棚／ゴミ箱／棚（パン）／コンロ／ドウコンディショナー／棚（パンなど）／作業台／オーブン／台（アイロン台）／チェスト／レジ／商品陳列台／棚／入口／椅子／棚

お店のプロフィール

オーナー　本行多恵子さん（ほんぎょうたえこ）
1976年1月11日生まれ
住所　千葉県千葉市稲毛区黒砂1・14・5
最寄駅　みどり台
電話　050-1075-9654
HP　http://paindedodo.exblog.jp/
オープン日　2011年2月8日
店舗面積　25㎡
定休日　毎月1日、日曜、月曜
営業時間　11時〜18時（売り切れまで）

店舗オープンまでのスケジュール

2001年4月　専門学校のパンコースに入学
2002年9月　卒業後、ユーハイムに就職
2008年4月　退職し、フランスへ留学
2009年5月　開業を決意
2009年6月　帰国後、開店準備を始める
2009年8月　物件探し
2010年12月　厨房機器・什器の調達　仕入れ先の確保　試作　DM作成
2011年1月　物件契約　内外装工事
2011年2月　お店をオープン

開業のための資金

開業資金　TOTAL　600万円
〈内訳〉
店舗取得費　20万円
内外装費　100万円
厨房機器費　400万円
什器・備品費　30万円
仕入費　10万円
運転資金　40万円
〈資金の調達方法〉
借り入れ　600万円（家族から）

5

Beach Muffin

クラウチマリコさん

新しくオープンしたお店の存在を知ってもらい、お客さまに来てもらうことは、予想以上に大変。その点、人気があったお店の場所で開業するメリットは大きい。難しいこともあるけれど、徐々にお店の存在が定着してきた。

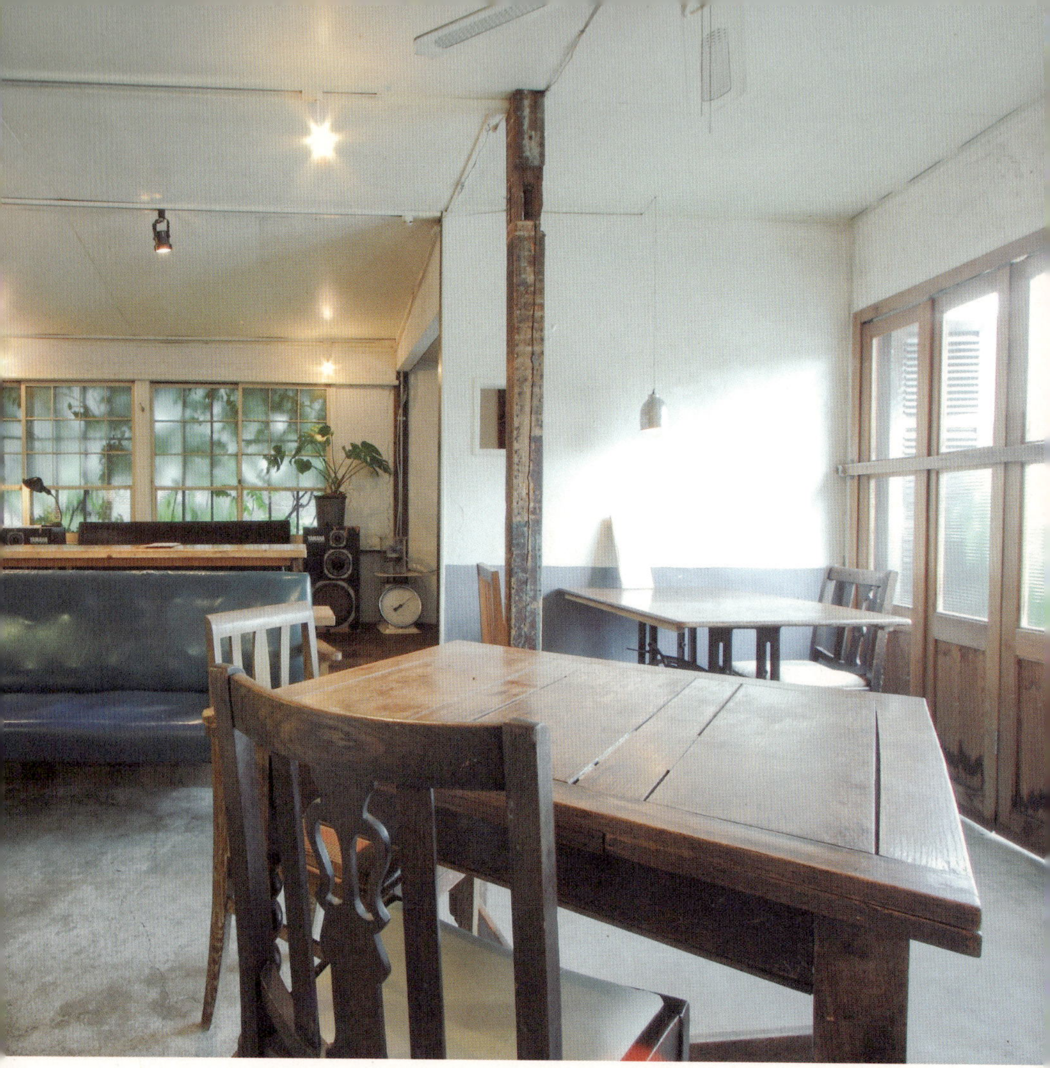

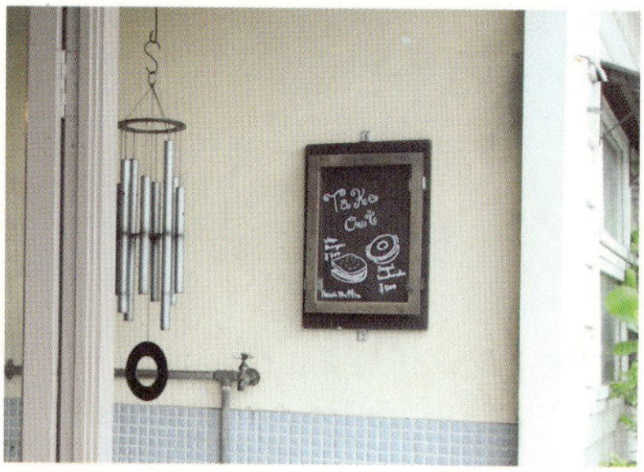

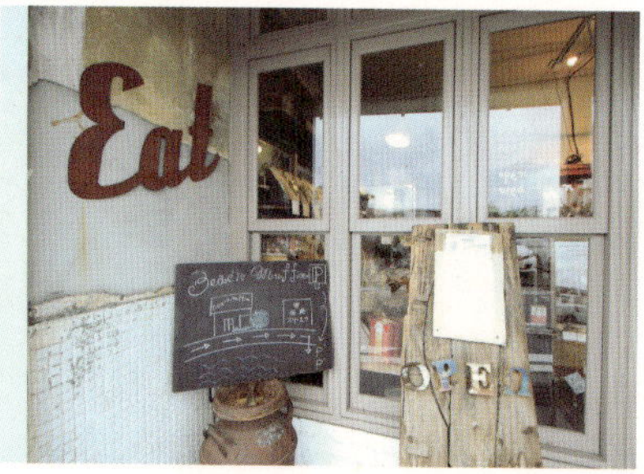
Eat

Beach Muffin

逗子駅から商店街を抜けて、川沿いの道を少し歩く。マフィン専門のベーカリー・カフェ「Beach Muffin」があるのは、以前、カフェ「coya」があった場所だ。

「coyaのオーナーだった根元きこちゃん夫妻と、以前から知り合いだったんです。震災後に、きこちゃんたちが引っ越すことになって、この場所を譲り受けました」

葉山でBeach Muffinを経営していたクラウチマリコさんが、今の場所に移転したのは2011年7月のこと。急な話だったが、coyaの場所ならぜひやってみたいと思い、短い準備期間を経て、移転オープンに至った。

「葉山でお店をやっていた頃はカフェスペースがなかったので、移転して飲食を併設できるのは魅力でした。coyaで働いていたスタッフが残ってくれることになったので、その点でもスムーズに開業できました」

だが、カリスマ的な人気を持っていたカフェの場所を引き継ぐことには、難しい面もあった。

「お店が変わったことを知らずに訪

人気店の後を引き継いで、
自分らしいお店に育てていく。

47

店を経営していた。

「もともとは、教師をしていました。多忙すぎて体を壊してしまい、辞めることになって、改めて食の大切さに気づかされたんです」

そこで気になったのが、オーガニックな食材だった。今でこそ、ごく一般的な食材だが、クラウチさんがオーガニックに注目したのは90年前後の頃だ。

「ごく一部では注目され始めていましたが、なかなか手に入る場所がないし、いろんなオーガニック食材があるのに、日本では同じようなものしか扱われていない。オーガニックが、一時の流行やファッション的なものとして捉えられているのも疑問でした。それならいっそのこと、自分で始めてみようと思ったんです」

91年、オーガニック食材の輸入会社を設立した。輸入業はもちろんのこと、会社を構えるのも初めてだっ

れたお客さまが、見るからにガッカリされると、申し訳なく思いました。中には遠方から楽しみにして来たという方もいらっしゃって、心苦しいことも多かったです。ある程度の予想はしていましたが、有名店の後を引き継ぐというのはこれほど大変なことなのかと、改めて重圧を感じました」

そんなお客さまたちが、帰るときには笑顔になってくれると、心底ほっとしたという。

「別のお店になったことは知らなかったけど、マフィンおいしかったです、といわれるととても嬉しかったですね。ご近所の方を中心にリピーターも増えてきて、ゆっくりとですが、この場所でBeach Muffinが定着しつつあるのかなと思えるようになってきました」

マフィンのお店を始める前、クラウチさんはオーガニックの輸入食材

5　Beach Muffin

「勢いで始めたものの、素人商売丸出しでしたね。知識も経験もなく、試行錯誤しながらの会社経営でした。オーガニックというものが今ほど一般的ではなかったので、"オーガニックって何?" "どうしてこんなに高いの?" と聞かれることも多かったです」

95年に、八王子の倉庫を借りて、オーガニック食材のお店をオープン。お客さまのご要望からネット通販も始め、97年にお菓子教室もスタートさせた。

「その頃にお客さまからよくいわれたのが、オーガニック食材が質の高いものであることはわかった、でも使い方がわからない、という言葉でした。レシピを教えてほしい、といわれることも多かった。それならば、オーガニック食材を使った食べ物屋さんを始めたほうがいいのかな、と

考えるようになりました」

そこで始めたのが、マフィン専門店「Beach Muffin」だ。

「なぜマフィンだったのですか?」という質問に、「だって、マフィンはつくるのが簡単だもの」と、あっけらかんと答えるクラウチさん。

「ケーキよりも失敗しないし、ひとりでもたくさんつくれる。お店をやるならマフィンだなと考えました。サンフランシスコへ行ったとき、朝から行列ができているマフィンやスコーンの専門店を見て、日本にはこういうお店がないなぁと思ったのも理由のひとつです」

八王子のお店をたたみ、葉山へ移り住むことになった。

「八王子でずっと山に囲まれて暮らしていたせいか、海のそばへ行きたくなったんです。本当に行き当たりばったりでね(笑)。葉山や逗子のあたりは地域のつながりが強いけど、

よそから来た人たちを受け入れてくれる懐の深さもある。暮らし始めてからわかったことですが、何か新しいことを始めるのに向いている土地なんです。ここを自分の再出発の場所に選んで、本当によかったと思っています」

動物性の食材を使用しないマフィンは、健康志向の人たちだけでなく、アレルギーのあるお子さんを持つお母さんたちからも支持された。

「駐車場もない小さなお店でしたけど、たくさんの人が買いに来てくれました。常連のお客さんがのちにスタッフになってくれて、今は産休中ですが、移転後もお店を手伝ってくれているんです」

移転後、内装に少しずつ手を加え、クラウチさんらしい色を足して、Beach Muffinという新たな個性がつくられつつある。

「coyaの頃は、お客さまがみんな

Beach Muffin

「今、産休をとっているスタッフが帰ってきたときに、子どもを育てながら働けるような環境を整えたいと思っています。ほかのスタッフも女性が多いので、今後、同じように結婚して出産を迎えるかもしれない。せっかくここまで頑張ってきてくれたのに、子どもができたから働けない、ということになるのはお互いに残念ですから」

お客さまだけでなく、一緒に働くスタッフにも、この場所を楽しんでほしいのだという。

「お店を経営していくには、理想だけではうまくいかないことが多い。ときにはシビアな決断をしなければならないときもあります。でも、働いているスタッフが楽しくなくちゃ、お客さまも楽しく過ごせないと思うんです。経営者として、そこは大切にしていきたいですね」

静かに自分だけの時間を過ごしている雰囲気でした。それはそれで素敵だったけれど、私はそこに、Beach Muffinらしい笑顔と会話がほしいな、と思いました」

以前よりもにぎやかになった店内には、クラウチさんのそんな思いが込められている。また、新たなイベントもスタートさせた。

「カフェ営業に加えて、定期的に量り売りのマーケットを開催しています。つくり手の顔が見える安心・安全なものを、必要な量だけお客さまに買っていただく。お菓子や食材、スパイスのほかに、石鹸や炭なども販売しています。出店者もお客さまも、みんな楽しみにしてくれているので、このイベントは定期的にずっと続けていきたいですね」

お店のオーナーとして、スタッフのための環境を整えていくことも大切な役目だと捉えている。

おすすめのマフィン

1 トーフチョコマフィン
300円

豆腐ベースの生地と、ビターなココアが味わい深い。このお店のマフィンは卵・乳製品を使用していないものが多く、アレルギーの方にもうれしい。

2 チョコバナナマフィン
300円

チョコレートとバナナがたっぷり使われているが、甘さは控えめでやさしい味。ボリューミーな見た目とは裏腹にざっくり軽い食感。

3 ピーナッツバター&ブルーベリージャム
300円

コクのあるピーナッツバターに、オーガニックのブルーベリージャムを組み合わせたもの。甘味と酸味のバランスがとれた味。

4 ハニーレモン
300円

国内産のレモンをはちみつ漬けにしたものを使っている。甘酸っぱい味わいは幅広い世代に人気。春〜初夏にかけての季節限定品。

5 Beach Muffin

7 ブラウニー
300円
ココアの量が多く、濃厚な味わい。写真はココナッツ、デーツ入りの夏バージョン。具材は、季節に応じて変わるので、また違った味が楽しめる。

5 オレンジデーツ
300円
上にのっているのは、ネーブルオレンジを甘く煮たもの。中にはオレンジピールも入っている。こちらも春〜初夏の季節限定品。

8 クランアップルブラン
300円
クランベリー、りんご、ブラン（ふすま）を使用したもの。砂糖の代わりにメープルシロップを使っている。

6 おからピニャコラーダ
300円
パイナップル、ココナッツ、おからを使用している。焼き上げるときの香ばしい匂いは、スタッフからも人気。夏季限定品。

Beach Muffin
ビーチマフィン

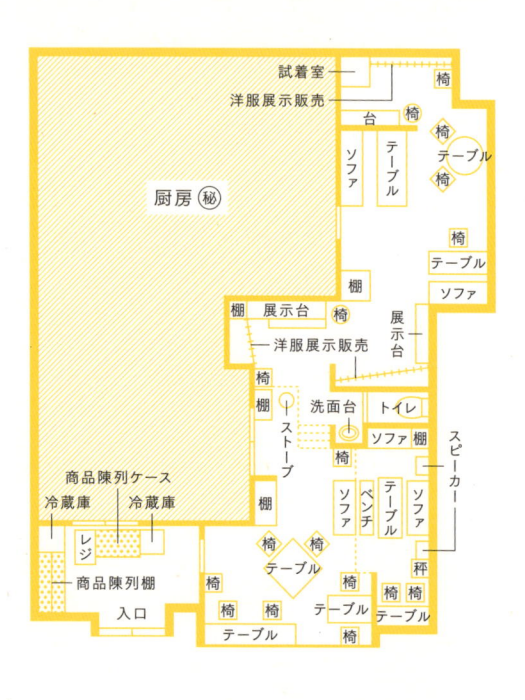

(フロアマップ内のラベル)
試着室 / 洋服展示販売 / 椅 / 台 / テーブル / ソファ / 椅 / テーブル / 椅 / 厨房㊙ / 椅 / テーブル / ソファ / 棚 / 棚 / 展示台 / 椅 / ソファ / 棚 / 展示台 / 洋服展示販売 / 椅 / 棚 / 洗面台 / トイレ / ストーブ / ソファ / 椅 / スピーカー / 商品陳列ケース / 冷蔵庫 / 冷蔵庫 / 棚 / 椅 / テーブル / ソファ / レジ / ベンチ / テーブル / 商品陳列棚 / 椅 / 椅 / テーブル / 椅 / 秤 / 入口 / 椅 / テーブル / 椅 / テーブル

お店のプロフィール

- オーナー　クラウチマリコさん　1951年9月4日生まれ
- 住所　神奈川県逗子市桜山8・3・22
- 最寄駅　逗子
- 電話　046・872・5204
- HP　http://www.beachmuffin.net/
- 営業時間　11時〜19時（冬期11時〜18時）
- 定休日　月曜、火曜
- 店舗面積　91㎡
- オープン日　2003年6月1日
- 移転オープン日　2011年7月15日

店舗オープンまでのスケジュール

- 1991年10月　オーガニック食材の輸入会社を設立
- 1995年4月　八王子でオーガニック食材のお店をオープン
- 1997年9月　お菓子教室をスタート
- 2003年6月　葉山に「Beach Muffin」をオープン
- 2011年3月　「coya」の店舗を引き継ぐ話を受ける
- 2011年4月　不動産契約
- 2011年5月　内外装工事
- 2011年7月　移転オープン

6

cimai

大久保真紀子さん & 三浦有紀子さん

パンづくりが大好きな姉妹がつくった、小さなパン屋さん。ふたりが焼くパンはそれぞれ個性が違うけれど、基本的なものの好みはぴったり一致している。姉妹だからこそできるお店のかたちがある。

姉妹の人気ユニットから実店舗へ。
行列ができるお店の秘密とは。

埼玉県幸手市、車の多い大通りに面して、白い箱のようなお店がある。「シマイ」と読むこのパン屋さん、その名の通り、姉の真紀子さん、妹の有紀子さんのふたり姉妹がオーナーを務めている。1日2回のパンの焼き上がり時間になると、お客さまが次々にやって来て、休日には行列ができるほどの人気店だ。

もともと、パンを焼くユニットとして活動していたというおふたり。妹の有紀子さんにお話を伺った。

「姉が天然酵母、私はイースト中心のパンをつくっています。ふたりとも別のカフェで働いていたのですが、姉がベーカリー部門でパンを焼く姿を見て、私もパンに興味を持ちました。その後、ふたりで東京へ移り、姉は"ルヴァン"で、私はケーキとパンのお店で仕事を始めました」

友人たちとフードイベントに積極的に参加していた有紀子さん。する

と今度は真紀子さんが、その活動に興味を持った。

「じゃあ一緒にやってみようということになり、"cimai"というユニット名で活動を始めたんです」

ふたりのパンは人気を集め、さまざまなイベントに参加しては、すぐに売り切れるようになった。イベント出店のオファーが絶えず、徐々に忙しくなっていく。

「姉は都内で、私は結婚・出産してからは埼玉のベーカリー・カフェで働いていたので、ふたりとも休日や週末に何とか時間をつくってイベント用のパンを焼いていました。仕事をしながらイベントのために別々でパンを焼くのに限界を感じ始め、ふたりだけで使える工房を持ちたいと思ったんです」

せっかく場所を借りるなら、工房だけでなく店舗としても使いたいと、物件探しを始めた。

cimai

「私が家庭を持っていたこともあり、家から近いエリアで探すことにしたんです。ちょうどよかったのが、埼玉県幸手市。ただ、この周辺で私たちがつくるようなハード系のパンが受け入れられるのか？ という懸念はありました」

地元のイベントに参加してパンを販売してみたところ、予想以上に反応がよく、この場所でやっていく自信を得た。

「今の物件は、車で通りかかったときに見つけた場所です。いつもシャッターが下りていて、使われている様子はありませんでした。ある日、"テナント募集"の張り紙が貼られたのを見て、すぐに電話しました。なんと予算もぴったりで、姉に見せるとすぐに気に入ってくれたので、ココしかない！ と決めました」

物件が決まり、事業計画書にとり

「姉の知り合いで、業務用オーブンの会社を経営している方が相談に乗ってくれました。あるパン屋さんの事業計画書を見せてくれて、"これと同じようなものをつくってみなさい"と。そうすることで、自分たちがどんなお店をやりたいのかはっきり見えてくる、とアドバイスされました。同時に、お金の工面をするようにいわれました」

見よう見まねで事業計画書をつくってみたところ、700万円は必要だということがわかってきた。自己資金はほとんどなかったため、国民生活金融公庫（現・日本政策金融公庫）で借りることにした。

「事業計画書と必要書類を添えて送り、面接を受けました。お店だけでなく家庭のことまでこと細かに聞かれて、けっこう緊張しましたね。その後、物件を確認してもらい、無事、

融資が決まりました」

厨房設備をそろえ、設計事務所に内装を依頼。外壁の漆喰は、自分たちで塗った。

「内装のイメージ画と、好きなお店の写真が載っている雑誌などを持っていて、設計事務所の担当者と打ち合わせをしました。費用をおさえるためにネットオークションで建具を探したり、急遽、屋根の補修をしてもらったり。思わぬ出来事もありましたが、なんとかオープンまでこぎつけました」

イベントでは売り切れ続出の人気ユニットだったが、お店を始めた当初、客足は鈍かったという。

「最初はなかなか難しかったですね。ポスティングをしたり、ご近所の方に試食用のパンを配ったりするうちに、徐々に地元の方にもお店の存在が認知されるようになりました。お店を構える以上、地域に密着しない

とパン屋はやっていけないので、いかにして地元の人に来てもらうかというのは考えました」

その点、女性であることは強みになった。

「パン屋のお客さまは圧倒的に女性が多いので、女性のほうがニーズを掴みやすいと思います。男性の職人と違ってこだわりが強すぎず、柔軟性があるといえるかも。こだわるべき部分と、こだわらなくてもいい部分を見極めて幅を持たせるのは、女性のほうが上手かもしれません。既成概念にとらわれず、自由な発想でフットワークよく動けるんだと思います」

試行錯誤を経て、開店から6年、行列ができる人気店へと成長した「cimai」。この先、10年、20年とお店を続けていくために、将来のことを模索中だという。

「ふたりとも年をとりますから、今

のように体力勝負で仕事を続けていくことは難しい。このままの形で続けるのか、それとも広げるのか。全国向けのブランドを別に立ち上げる可能性もあります。まだ決めかねていますが、いろいろと考え中です」

長く、楽しく仕事を続けていくために、自分たちが働く環境を整えていきたいという。

最後に、パン屋さんを目指す方に向けて、メッセージをいただいた。

「パン屋さんに限らず、いろんなものを見て、経験して、いろんな人と会って話をしてほしい。仕事って何でも結局は、人対人ですから。技術があって、いいパンがつくれるのに接客がよくないとか、お店の雰囲気がイマイチだったりすると、もったいないですよね」

外食に行ったときの接客、食べ物とは関係ない場所のインテリア。幅広く興味を持てば、何でも、どんなことからも吸収できる。

「お店を始めると、いろんな壁にぶつかります。不安に押しつぶされそうなときもあると思います。そんなときは、"自分がどうありたいのか"を大切にして、人の意見に惑わされたり、マイナスのことばかり考えたりしないように。自分が楽しく仕事を続けていくにはどうしたらいいのか、ということを第一に考えるといいんじゃないかと思います」

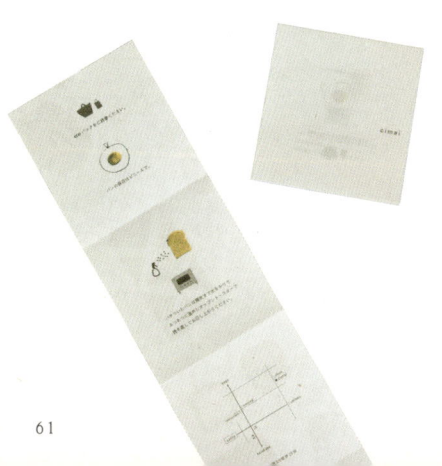

こだわりのインテリア&小物

1 折りたたみの机

ほとんどの家具が「Hang Cafe」のもので購入できる。これは数少ない、cimai所有の家具。作業台としてちょうどいいサイズ。

3 パンケース

本来は、ガーデニング用品などを入れるための、アジア系の小物。パンの表面が乾かないようにマフィンを入れておくことが多い。

2 パンラック

知り合いのお店で仕入れた、アンティークの棚。パンを並べて置くのにぴったりの大きさで使いやすい。7段の収納力も魅力。これもお店の所有品。

4 お皿

イートインで使用しているのは、木製のお皿。木がパンの余分な湿気を吸収してくれるので、パリッと感が持続する。

5 パンを置く台

もともとはアンティークの折りたたみイス。パンを並べる際、この台の上と下にパンが置けるので限られた販売スペースには嬉しい。

7 お花

店内のお花は、「seak ale」というフラワーデザイナーにアレンジしてもらっているもの。母の日にはブーケ、クリスマスにはリースの販売も行っている。

6 ガラスの仕切り

子どもがパンをさわってしまうのを防ぐための仕切り。オーダーメイドでつくってもらったもので、幅が変えられるようになっている。

8 花器

曲線が美しいガラス製の花器は、開店祝いとして友人からプレゼントしてもらったもの。ゆかりの品なので、大切に使っている。

cimai
シマイ

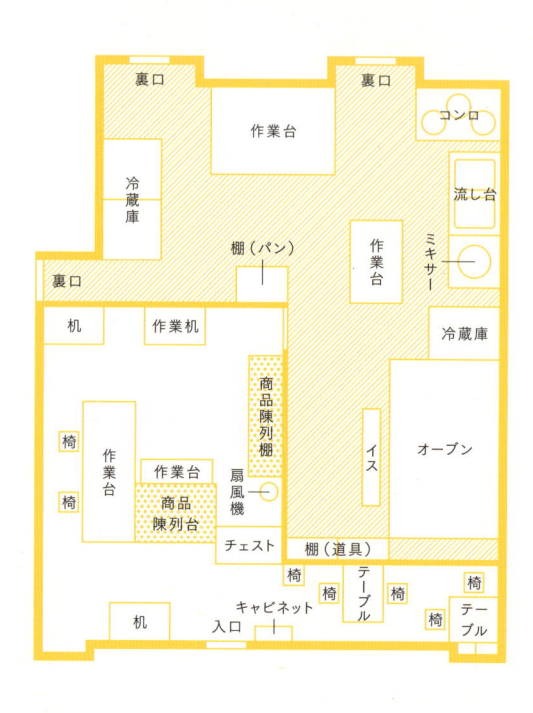

お店のプロフィール

オーナー　大久保真紀子さん
　　　　　（おおくぼまきこ）
　　　　　1973年11月15日生まれ
　　　　　三浦有紀子さん
　　　　　（みうらゆきこ）
　　　　　1976年8月7日生まれ
住所　　　埼玉県幸手市幸手
　　　　　2058・1・2
最寄駅　　幸手
電話　　　0480・44・2576
HP　　　　http://cimai.info/
営業時間　12時～18時くらい
定休日　　HPにて要確認
店舗面積　66㎡
オープン日　2008年7月8日

開業のための資金

開業資金　TOTAL　460万円
〈内訳〉
店舗取得費　　20万円
内外装費　　　145万円
厨房機器費　　213・5万円
什器・備品費　10万円
仕入費　　　　10万円
その他　　　　61・5万円
〈資金の調達方法〉
借り入れ　460万円（公庫から）

店舗オープンまでのスケジュール

2005年3月　「cimai」として初めて
　　　　　イベントに参加
2007年10月　物件探し
2008年1月　事業計画書の作成
2008年2月　開業資金の調達
2008年3月　厨房機器の調達
　　　　　仕入れ先の確保
2008年4月　物件契約
2008年5月　内装工事
　　　　　DM作成
2008年7月　お店をオープン

7

L'atelier de
KANDEL Tokyo

奥田有香さん

住宅街のごく普通の家の庭に、こつ然と現れるパンの小屋。そこに並んでいるのは、伝統的な製法でつくられたフランス・アルザス地方のパンたち。ちょっと不思議なこのお店、果たしてどんないきさつでこのようなカタチになったのでしょう。

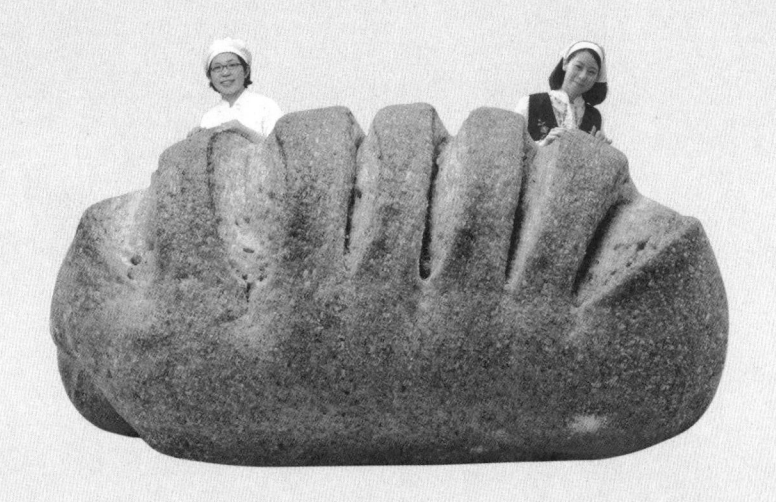

どんな形でも、やろうと思えば、
パン屋さんは始められる。

L'atelier de KANDEL Tokyo

武蔵小金井駅からしばらく歩いた住宅街。とあるお宅の庭先に、ログハウス風の小屋が建っている。この小さな小屋は、奥田有香さんがオープンした自宅パン屋さん「L'atelier de KANDEL Tokyo（ラトリエ・ドゥ・カンデル・トウキョウ）」。ご近所の常連さんからは、「カンデルさん」と呼ばれている。

奥田さんは学生時代、音大で作曲を学んでいたという。意外な経歴の持ち主だ。

「日本伝統音楽の家系に生まれ、私自身も子どもの頃から音楽に親しんできたので、このまま音楽家になるものと思っていました。でも、ケーキや パンをつくることもずっと好きだったんです」

大学在学中に、武蔵小金井の有名なケーキ店「オーブンミトン」の教室に通い始めた。

「音楽以外の仕事に就くのもいいかもしれないと思って、両親に、"卒業後はパン職人になりたい"といいました。予想はしていたけれど、最初は反対されました（笑）。後に認めてはくれましたが、そのうち諦めるだろうと思っていたのでしょうね」

パン製造の専門学校卒ではない奥田さん、希望していたパン屋さんには採用されなかった。

「1年間、別のお店でアルバイトを経験した後、入りたかったパン屋さんにも採用されたので、ふたつのパン屋さんでアルバイトを続けました。2軒目のお店では最初から成形を担当させてもらい、大変でしたが楽しい毎日でした」

1年半、がむしゃらに働いてから、フランスへ留学した。

「無我夢中で働いているうちに、本

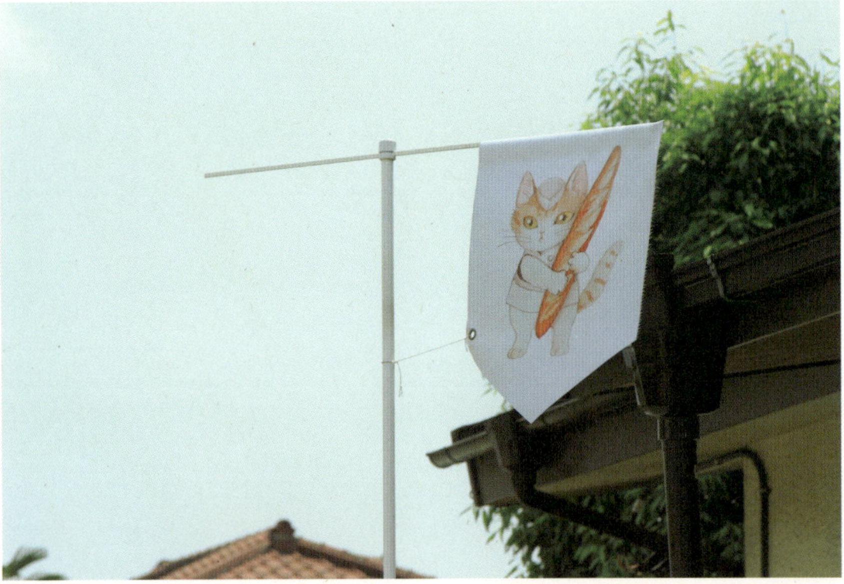

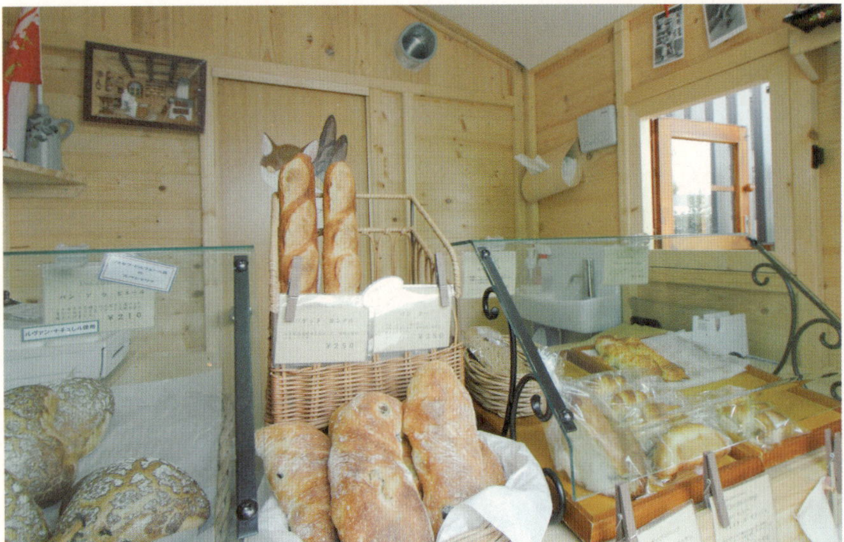

当に私はパンが好きなんだろうか？と迷いが出てきたんです。半年間、フランスへ語学留学に行き、パンやお菓子を食べ歩きました。ちょうどそのとき、フランスでパンのワールドカップが開催され、日本が優勝したんです。それを目の当たりにして感動し、やっぱり私はパンをつくりたいと改めて思いました」

帰国後は、吉祥寺のパン屋さんで働き始めた。フランスパン、クロワッサンなどの仕込み、成形から窯までを担当。2年間経験を積んだ頃、ドンクの仁瓶利夫氏との出会いがあった。仁瓶氏はドンクの技術指導者であり、「日本におけるフランスパンの第一人者」ともいわれる、多くのパン職人を育ててきた人物だ。

「お話を聞いて、自分が目指している方向と同じだと感じました。本当のフランスのパンを日本に伝えたいという強い思いに、共感を覚えたんです」

仁瓶氏がつくったフランスパンを食べたとき、これだ！という強い衝撃を受けました」

「そこで、さてどうしよう、と考えたんです。アルザスで経験した製法でパンがつくれる場所は、日本にはたぶんない。1から勉強し直すためドンクへ転職し、さらに2年ほど修業を積んで、再びフランスを訪れた。そして、親子2代でMOFの資格を持つジョセフ・ドルフェール氏、リシャール・ドルフェール氏のパン屋で研修を受けた。

「4カ月間の研修でしたが、毎日が驚きの連続でしたね。まず、1日に焼くパンの量がケタ違いに多い。日本ではこんなに大量に焼いたことない！というぐらい大量に焼くんです。使う粉の量も、もちろん全然違う。ここはパンの国なんだなぁと改めて思いました。つくり方も違いましたね。日本だときっちり分量を量るのですが、向こうは感覚。季節や気温といった微妙な違いをもとに、職人の感覚で水の量などを変えていくんです」

あっという間に4カ月は過ぎ、帰国することになった。

「紹介されたのが、アルザスにあるパン屋さんのカンデル夫妻でした。そんなとき、クリスマスシーズンに日本で開催されるパンのイベントに、スタッフとして参加してみないかという誘いを受けた。

毎日、夫妻と一緒に大量のクッキーを焼いたんです。それがきっかけで親しくなり、アルザスへ遊びにいったときに、カンデル夫妻の家に泊めてもらって、今後のことについて相談してみました」

すでに、修業期間は約10年になっ

ていた。

「カンデルさんに、今から学校へ入り直したら、また5年以上かかるよ。その後はどうするの？ といわれました。確かにそうだな……と思いながらも、この先どうやってパンづくりを続けていこうかと決めかねていたんです」

迷いの中、ひょんなことから道は開けた。90歳の大伯母さんの家に、様子を見にいったときのことだ。

「以前はすごくマメに暮らしていたのですが、今は体が動かず家の手入れがままならないということで、妹と大掃除をしたんです。大伯母がひとりで暮らしていくのは大変そうな……と思ったときに、ふと、大伯母の世話をしながら、ここでパン屋をやったらどうだろう？ と思いついたんです」

家族に相談して了承を得ると、その先はとんとん拍子に話が進んだ。

お店としての営業ができるように台所をリフォームし、試作に取り組んだ。販売スペースにしたのは、フィンランドから輸入した、2〜3畳ほどの小屋だ。

「突然始めたので、宣伝も何もできませんでした。知り合いに、開店を知らせるハガキを送ったぐらい。でも、近所の方は家の前を通るたびに"何ができるんだろう"と気になっていたようで、少しずつ訪れてくれる方が増えました」

お店で出しているのは、アルザスの伝統的なパンが中心。自分がフランスで食べておいしいと感じたパンを、なるべくそのままの製法でつくり、提供している。

「ハード系のパンが多いのですが、皮は固くても中は柔らかく食べやすいものもあります。ハード系のパンに親しみがないお客さまにも、そういったことを説明すると受け入れて

くれて、また同じものを買いに来てくださったりします」

製パンは奥田さんがひとりで担当。販売は、アルバイトの方にお願いしている。全工程をひとりで行っているので、営業できるのは週3日が限界だ。どうしたらもっとおいしいパンがつくれるか、それだけを考えていたら、開店から1年が過ぎていた。

「今年、日本の手づくりパン職人の集まりである〝JPB友の会〟の会員になりました。もっと技術力を上げたいし、勉強したい。将来的にはお店を拡張して、カフェも併設したいという夢があります」

最後に、パン屋さんを始めたいという人のために、奥田さんからメッセージをいただいた。

「綿密に計画を立ててお店を始めたわけではないので、えらそうなことはいえませんが……。お店を始めると、365日24時間、ほぼすべてがお店のための時間になります。ほかに何かやりたいことがあるという人は、慎重に考えたほうがいいかもしれません。ただパンをつくりたいだけならば、開業せずに、どこかのお店で働くほうが向いている方もいると思います。なぜ開業するのか？ということはじっくり考えたほうがいいかも。本当にこの仕事が好きで、自分のパンをつくりたいという気持ちがあるのなら、始めてみたらいいと思います。どんな形でもやろうと思えばお店は始められる。大切なのは、続けていくことだと思います」

人気パンのランキング

1位

パン・ア・ラ・ビエール
210円

マッシュポテトを練り込んだライ麦パンに、黒ビールとライ麦を合わせた生地を塗って焼き上げたもの。酸味が少なくて食べやすい。

2位

ブリオッシュ・カネル
1200円

牛乳、卵、バターをたっぷり使った生地にシナモンシュガー、バタークリームをのせ、ホイップクリームを塗って焼き上げる。1/4カットは300円。

3位

スプロート
240円

アルザス地方のスペシャリテで、独特の形が特徴。イーストを減らした生地をひと晩寝かせ、旨みと甘みを引き出している。外はパリッ、中はもっちり。

4位

メープル・キャラメル・カンデルちゃん
200円

お店のイメージキャラクターである猫のカンデルちゃんの顔の中に、クレープ生地で包んだ自家製メープルキャラメルが入っている。

72

7 L'atelier de KANDEL Tokyo

5位

バゲット・カンデル
240円

伝統的なディレクト法と、3時間発酵の製法で作ったバゲットは軽い食感で食べやすく、香りが良い。

7位

セーグル60%
販売終了

ライ麦にはビタミンB1、マグネシウムなど、多くの栄養成分が含まれているので、とくに女性におすすめ。

6位

クーゲルホフ・アルザシアン
要予約

やわらかい生地にラム酒漬けのサルタナレーズンを練り込み、アルザスで購入した陶器のクグロフ型で焼き上げたもの。

8位

パン・オ・ブレ
210円

自家製粉した全粒粉ゆめかおりと国産小麦キタノカオリを使用した生地に、もち麦を混ぜ込み焼き上げたもの。つぶつぶの食感と麦の味わいが広がる。

パン屋さんの1日

〔月・水・金のオープン日〕

2:30 起床

3:00 仕込み、分割、成形、焼成をしていく

10:00 販売アルバイト出勤

10:10 予約の確認と開店準備をする

10:30 開店　お客様が多いときは、販売を手伝いつつ作業を進める

13:00 販売アルバイトに休憩に入ってもらう

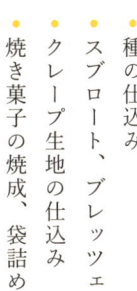

7　L'atelier de KANDEL Tokyo

14:00 すべてのパンが焼き上がったら、休憩に入る

14:30 焼き菓子の仕込み／店の様子を見ながら、片づけをする

16:00 ＰＣのチェックをする

17:00 業務終了

〔日・火・木のクローズ日〕
- 種の仕込み
- スプロート、ブレッツェルの仕込み
- クレープ生地の仕込み
- 焼き菓子の焼成、袋詰め
- 材料の下処理等の準備

L'atelier de KANDEL Tokyo
ラトリエ・ドゥ・カンデル・トウキョウ

店舗
（間取り図：裏口、レジ、洗面台、作業台、トレイ、包装紙、商品陳列台、飾り棚、入口）

厨房
（間取り図：流し台、作業台、製パンラック、裏口、冷蔵庫、手洗い場、コンロ、オーブン、入口）

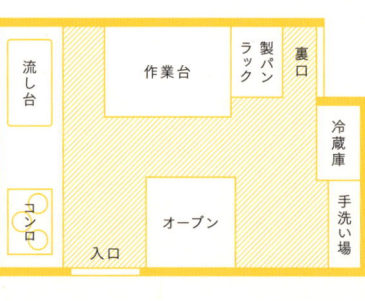

お店のプロフィール

- オーナー　奥田有香さん（おくだゆか）　1978年6月20日生まれ
- 住所　東京都小金井市前原町3・29・14
- 最寄駅　武蔵小金井
- HP　http://kandel.jp
- 営業時間　10時30分〜17時（13時〜14時昼休み）
- 定休日　火曜、木曜、土曜、日曜
- 店舗面積　16㎡
- オープン日　2012年6月6日

店舗オープンまでのスケジュール

- 1999年3月　国立のパン屋さんでアルバイト
- 2000年4月　念願の国分寺のパン屋さんに採用され、国立のお店とかけ持ちでアルバイト
- 2002年3月　フランス・パリへ留学
- 2002年10月　吉祥寺のパン屋さんで修業
- 2006年11月　ドンクで修業
- 2009年9月　フランス・アルザス地方で研修
- 2010年12月　東京で開催されたマルシェ・ド・ノエルで働く
- 2011年9月　開業を決意
- 2011年10月　大伯母宅の小屋を改装
- 2012年5月　販売用の小屋を準備　仕入れ先の確保
- 2012年6月　お店をオープン

開業のための資金

- 開業資金　TOTAL　300万円
  - 〈内訳〉
  - 内外装費　250万円
  - 什器・備品費　20万円
  - 仕入費　10万円
  - その他　20万円
- 《資金の調達方法》
  - 自己資金　300万円

76

8

目黒八雲むしぱん

斎藤佳美さん

飲食業をやってみたい。一念発起して上京し、経験を積んでお金を貯めた。いざ、地元での開業へ踏み出そうとしたときに、思いもよらない事態が……。それでも絶対に諦めなかったから、今、このお店がある。

目黒 八雲 むしぱん
STEAMED bread & doughnut

具だくさんのモチモチむしぱん。しっとりしたどーなつは、すべて米粉入り。やさしい口当たりでも、食べごたえ十分!!
テイクアウト イートインでもお召し上がりいただけます。

むしぱん

ALLERGY 小麦 WHEAT

- NATURAL きほんのむしぱん
- KAKUNI 豚の角煮
- CURRY カレー
- FIG いちじく
- COFFEE むし〜ちょこ

むしどーなつ

- PIZZA ピザ
- HAM & CORN ハム コーン&マヨ
- CHOCOLAT ショコラ
- YUZU & GINGER ゆずしょうが
- SPECIAL 本日のむしぱん

ALLERGY 小麦 WHEAT 卵 EGG MILK

- PLAIN プレーン
- SWEET GREEN TEA 抹茶と宇治玄米
- CARAMEL MAPLE キャラメル メープル
- W. CHOCO ダブルチョコ
- EARL GREY アールグレイ

ギフトBox
小 むしぱん 4個
大 むしぱん 6個
むしどーなつ 6個 むしどーなつ 10個

蒸し直しのすすめ
フタつきの容器
ラップでつつみ
レンジで20秒!
ふわふわになります
20min

8 目黒八雲むしぱん

お年寄りから子どもまで、幅広く愛される「むしぱん」の魅力。

ドーナツ、マフィン、ベーグルなど、ある一種類のパンに特化した専門店が増えている。でも、「むしぱん専門店」は、ちょっと珍しいのではないだろうか。

場所は目黒区。都立大学の駅から少し歩くが、個性的な飲食店がぽつぽつと並んでいる通り沿いにあるのが、「目黒八雲むしぱん」。

その名の通り、むしぱんの専門店だ。オープンしたのは2011年12月。オーナーの斎藤佳美さんは、どうしても30歳までにお店を始めたかったのだという。

「出身は福島です。学校卒業後、自動車会社に就職し、26歳まで福島を出たことはありませんでした」

働きながら漠然と抱いていたのが「食べ物にかかわるお店を持ちたい」という夢だった。

「思い切って仕事を辞めて、東京のカフェ専門学校に入学しました。カフェでアルバイトしながら飲食の経験を積んで、卒業したら地元へ戻ってカフェを始めようと思っていたんです」

としていていよいよ開業準備に入ろうとしていた、2011年3月11日。東日本大震災が起きた。

「もともとそれほど人口が多いわけでもない地元に、ますます人がいなくなってしまった。これはもうカフェどころじゃない、開業はとても無理だって思いました」

ショックを受けながらも、夢を諦めることはなかった。

「地元が無理なら、東京でやろうと決心しました。でも、東京にはすでにカフェ以外にもアパレルや派遣の営業職、ライブ会場の設営など、さ

79

にカフェが飽和状態。普通のカフェをやっても人は来てくれないし、個人経営の規模では埋もれてしまう。何かひとつ売りになるような、オリジナリティが必要でした」

そこで思い出したのが、幼い頃に「おばあちゃんがつくってくれたむしぱん」だった。

「若い人にとっては目新しく、年配の人にとっては懐かしい。むしぱんというと甘いお菓子のイメージが強いですが、生地の甘さをおさえれば食事系のメニューもつくれる。これならいけるかも、と思ってさっそく試作を始めました」

1日に50～60個のむしパンをつくり、アルバイトをしていたカフェの同僚や常連さんなどに試食してもらい、意見をもらった。

「食べ物にこだわりがある人たちばかりだったので、けっこう厳しいこともいわれました。でも、すごく参

8 目黒八雲むしぱん

考になりましたね。開店ギリギリまで、ずっと試作は続けていました」

並行しながら、開店準備を進めた。まずは物件探しだ。

「ひとりで始めるつもりだったので、無理なく通える範囲内で探しました。この場所は住宅街の中にあり、飲食店の並びにある。目の前はバス停で、学校も近い。むしぱんという商品のターゲットを考えると、ぴったりの場所だったんです」

デザインと内外装は、知り合いの飲食店プロデュース会社に依頼した。

「好きなカフェやパン屋さんの写真、雑誌の切り抜きを見せてイメージを伝えました。全体的にナチュラルな雰囲気で、木を使ってほしい、壁に黒板がほしいという具体的なことまでいろいろと相談しました」

どうしても設けたかったのが、イートインスペースだった。

「最初はカフェをやりたいと思って

いたので、お客さまにゆっくり過ごしてもらえるイートインスペースは、どうしてもほしかったんです。でも、プロデュース会社の担当者には、"ひとりでやるんだし、初めての開業なんだから、販売に特化したほうがいいのでは？"といわれました」

悩んだ末に、やはり自分のやりたいことを貫こうと決めた。限られたスペースではあるが、イートインスペースをつくることにした。

「開業直前の準備期間って、とにかくやることが多くて慌しい毎日なんです。目の前に山積みになっていることを、全部自分で判断して片づけていかなきゃならない。そのためには、"自分は本来これがやりたいんだ"っていう根っこになるものをブレないように持ち続けることが大事だと思います」

さらに大変だったのが、資金の工面だった。

「自己資金で400万円貯めていましたが、それではとても足りなかった。一カ所からたくさん借りると、返せるかどうか不安だったので、日本政策金融公庫と目黒区の融資の二カ所から借りました。思った以上に借りるのは大変でした。もっと簡単に承認が降りるものと思っていましたが、甘かったです。必要書類をそろえては、何度も区役所に足を運びました」

苦労の甲斐あって、無事、二カ所から借り入れでき、工事から開店へとこぎつけた。

「レセプションパーティーの前日に、いきなりむしぱんが蒸せなくなるというトラブルもありましたが、なんとか開店。でも開店から3日目で、いきなり臨時休業することになってしまいました」

その理由は、なんと材料不足。

「開店初日から予想以上にたくさん

のお客さまが来てくださって、2日目は15時に完売、材料も足りなくなってしまって。いったん、閉めるしかないという状況になりました」

オープンしたばかりなのに、突然の臨時休業。それが逆に話題となり、口コミでお店の噂が地域に広まっていった。

「おかげさまで、オープン直後から売上は目標をクリアできていました。それでも、ふっと不安に襲われることがあります。お店は順調なのに、なぜか先のことを考えると急に怖くなったり、今はたくさんお客さまが来てくれているけど、ずっと来てくれるのかなって後ろ向きになったり」

そんなときは外へ出て、おいしいものを食べ、人と会話するようにした。

「ひとりでお店にいると、煮詰まってしまうときがあるんですよね。頼れるのは自分だけなので、精神的に強くないとお店ってやっていけないし、うまく気分転換する方法を知っていないと折れてしまうかもしれません」

まずはこのお店を軌道にのせ、将来的には店舗を増やしたいという目標がある。

「都内もいいけど、海外でもむしばんって受け入れられるんじゃないかって思うんです。そしてやっぱり、地元の福島でもやってみたい。もともとは、地元で飲食業をしたいと思って始めたことなので。お店をやるなら、やっぱりこの場所と同じような静かな住宅街がいいですね。ご近所の方と気軽にあいさつできるような環境で、地域に密着したスタイルでやっていきたい。そのためにもお店を任せられるような人を育てたいし、今あるこのお店を、もっと成長させていきたいですね」

人気むしぱん&むしどーなつのランキング

1位

基本のむしぱん
130円

米粉、小麦粉、ベーキングパウダー、砂糖だけを使った、シンプルなむしぱん。やさしい甘さと、ふんわり、もっちりした食感が特徴。

2位

キャラメルメープル
240円

メープルシュガーの甘い香りとコーンフレークが入ったキャラメルクリームのサクサクした歯ざわりが楽しめる。

3位

ゴロゴロおじゃがカレー
210円

都立大学にある、カレーが人気の欧風料理店「ぐりむ館」とのコラボ。カレーと蒸しパンの意外な組み合わせだが、見事にマッチ。

4位

豚の角煮
210円

実家のお母さんがつくってくれた、甘じょっぱい角煮を使った、食事メニュー。見た目よりもボリュームがありお腹いっぱいになる。

8 目黒八雲むしぱん

7位

むし〜ちぇ
210円

お隣のコーヒー豆焙煎のお店「ピパーチェ」のコーヒーを使用したむしぱん。豊かで深みのあるコーヒーの香りがたまらない、ちょっと大人な味。

5位

プレーン
130円

卵の味を生かした、シンプルなタイプ。このお店のむしどーなつはすべて米粉を使用していて、むしぱんとはまた別のしっとり食感を味わえる。

8位

ピザ
180円

ピザ用のトマトソースに、こんがり焼いたソーセージをのせた食事系むしぱん。とくに、子どもたちに人気があるそうだ。

6位

ショコラ
210円

ココア生地にチョコレートのかたまりを混ぜているので、温めると中のチョコがとろける。フォンダンショコラをイメージした一品。

目黒八雲むしぱん

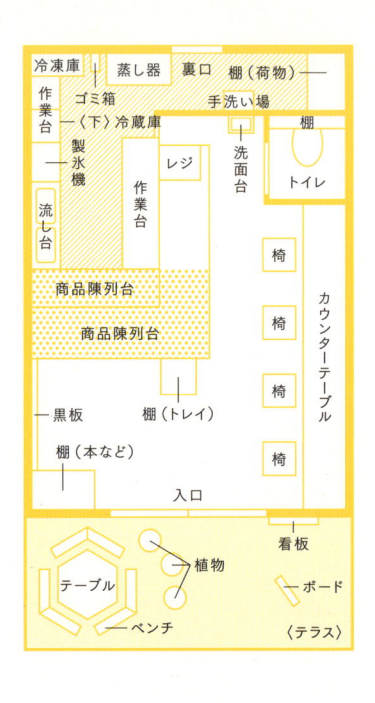

[店舗見取り図ラベル]
冷凍庫／蒸し器／裏口／棚（荷物）／ゴミ箱／手洗い場／作業台／〈下〉冷蔵庫／棚／製氷機／洗面台／トイレ／レジ／作業台／流し台／椅／椅／椅／椅／カウンターテーブル／商品陳列台／商品陳列台／黒板／棚（トレイ）／棚（本など）／入口／看板／植物／テーブル／ボード／ベンチ／〈テラス〉

お店のプロフィール

オーナー　斎藤佳美さん（さいとうよしみ）
　　　　　1981年12月5日生まれ

住所　　　東京都目黒区八雲3・6・22 小倉マンション1階

最寄駅　　都立大学

電話　　　03・6676・2778

HP　　　　http://yakumo-mushipan.info/

営業時間　10時〜19時（売り切れまで）

定休日　　水曜

店舗面積　屋内25㎡／屋外7・5㎡

オープン日　2011年12月10日

店舗オープンまでのスケジュール

2007年4月　　上京してカフェ専門学校に入学
2011年4月　　カフェでアルバイトを始める
　　　　　　　東京での開業を決意
　　　　　　　むしぱんの試作
　　　　　　　物件探し
2011年8月　　不動産契約
2011年9月　　アルバイトを辞める
　　　　　　　資金の調達
2011年10月　 内外装工事
2011年11月　 仕入れ先の確保
2011年12月　 HP作成
　　　　　　　お店をオープン

開業のための資金

開業資金　TOTAL　1235万円

《内訳》
店舗取得費　　　　180万円
内外装費　　　　　700万円
厨房機器費　　　　150万円
什器・備品費　　　 15万円
広告宣伝費　　　　100万円
仕入費　　　　　　 20万円
運転資金　　　　　 20万円
その他　　　　　　 50万円

《資金の調達方法》
自己資金　　　　　435万円
借り入れ　　　　　400万円（日本政策金融公庫から）
　　　　　　　　　400万円（目黒区から）

9

Fluffy
奥村香代さん

パン屋さんになるためには、長い修業期間が必要? 答えはNO。必ずしもそんなことはない。パン屋さんで働いたことがない、というオーナーも増えてきている。パン屋さんになる方法は、ひとつだけじゃない。

渋谷駅と代官山駅の、ちょうど中間地帯。大きなビルが立ち並ぶわけでもなく、かといってまったくの住宅街というわけでもない、比較的静かなエリアに、小さな小さなパン屋さん「Fluffy」がある。

販売スペースは、お客さまが二人も入ると満員。それでも、四段の棚には幅広い種類のパンが所狭しと並んでいて、どれを選ぼうか悩んでしまうほどだ。

このお店のオーナーは、奥村香代さん。大きな明るい声で、お客さまと楽しげに接しながらパンをつくっている。

奥村さんがパンづくりを始めたきっかけは、会社員時代の習い事が始まりだった。

「天然酵母のパンに興味を持って、試しに一度パン教室へ行ってみたらそれができない。自分のペースでパンづくりをするためには、独立したほうがいいのかなと考え始めました」

教室を辞め、小さな事務所を借りてひとりでパンをつくり、ネット販売を開始。週2回は、松濤にある知り合いのお店の前でワゴン販売も始めた。

「そのうちアルバイトをしながら、ネットとワゴンでの販売を4年半続けました。少しずつ常連さんもつきほど教室で教えていました。パン教

9 Fluffy

目指すは「パン屋の名物おばあちゃん」。
この店とこの味を守り続けたい。

始めて、そろそろ実店舗を構えたいと思ったのですが、私はパンづくりはやってきたけれど、パン屋ではアルバイトもしたことがない。経営に関する自信がなく、本当にやっていけるのかなと自分でも半信半疑でした。資金も少なかったので、なるべく初期投資をおさえて開業することを考えました」

週２回のワゴン販売を続けてきた渋谷エリアを中心に物件を探し始めんだと思います。そこで見つけたのが、現在の物件。元は駐車場だったのだという。

「渋谷の物件は場所柄、賃貸料が高かったり、ひとりでやるには広すぎたりして、なかなか手が出せないころばかりでした。予算が少なすぎて、相手にしてくれない不動産屋さんもいましたね。物件探しを始めて３カ月経ったとき、ここを紹介されたんです。ここなら予算的にもスペース的にも、なんとかやっていけそうだと思って決めました」

スペースが限られているので、厨房機器の配置については、内装業者と話し合いながら慎重に決めた。天然酵母のパン屋さんなので、外観はナチュラルなイメージにまとめることに。パンの種類は、オープン当初から20種類ほどあったという。

「本当は、ひとりで始めるのなら、種類は少なめにおさえたほうがいいと思います。１種類のパンにつき５〜６個ぐらいしかつくれませんし、なるべく種類はたくさん置きたいし、どれにしようか迷う時間も楽しい。１種類のパンにつき５〜６個ぐらいしかつくれませんし、お客さまの立場だったら、たくさんあるパンの中から、これ！というものを選びたいし、どれにしようか迷う時間も楽しい。

オープン後は、以前からの常連さんや近所の方が少しずつ訪れてくれました。お店の存在は徐々に広まっていったが、最初から順調だったわけではない。

「お店を始める前は、もっと簡単に売れると思っていました（笑）。甘かったんでしょうね。お店を経営していく上で知らないことも多かったので、やりながらいろんなことを学んでいきました。パンの売れ残りが続いて、どうしたらいいんだろう……と頭を悩ませたときもありましたよ」

Fluffyのパンは、天然酵母と国産小麦を使っている。決して安価な素材ではない。

「それなりにコストがかかるので、あまり安く売ることはできない。かといって素材を変えてしまったら、それはもううちのパンじゃない。材料と味は変えられない、じゃあどこを削るのか？と考えて、なるべくランニングコストをおさえるように努力しました。お店の存在は徐々に広まっていったが、最初から順調だったわけ上がって厳しいですが、何とかバラ

9 Fluffy

が、この付近は専門学校が多くて、若い学生さんがパンを買いにきてくれることも多いんです。学生さんにとっては、ちょっと値段の高いパンだと思いますが、そういう子たちのために、少しでも体にいいものを食べさせてあげたいっていう思いもあります。田舎のお母さんみたいな気持ちでね(笑)

オープンから5年が過ぎた2012年1月、不測の事態が起きた。奥村さんに、大きな病気が見つかったのだ。

「検診へ行かなきゃなぁと思いながら、忙しさにかまけて行っていなかったんです。病気が見つかったときには、入院して手術しなければ、という状態でした」

2カ月間、お店を閉めて治療に専念することになった。

「もともとランニングコストが低いからできたことです。家賃が高かったら、2カ月もお店を閉めることな若い学生さんがパンを買いにきてくれんてできませんよね。個人経営には、そういうリスクもあります」

この先、いったいどうなるのだろうという漠然とした不安はあったが、それでも、不思議と「お店を辞めよう」と思ったことはなかったという。

「回復次第では、左手が使えなくなるかもしれないとお医者さんからいわれました。それなら右手でこればいいかなと(笑)。幸い、左手に後遺症が残ることもなく、今もパンづくりを続けていられます。スタッフもすごく頑張ってお店を支えてくれました。常連のお客さまも理解してくださっている方が多くて、本当にありがたいです」

今では、病気をする前とほとんど変わらないペースで仕事を続けている。店舗での販売のほか、パンの即売等のイベント参加にも積極的だ。

やりたいことは、まだまだたくさンスを取りながら続けてきました」

仕事中心の毎日で、ほとんど休みなく働いてきた。それは「パンづくりの楽しさ」に魅せられていたから。休みがなくても、パンをつくっているだけで毎日が充実していたし、お客さまと接することも楽しかった。パンの種類もどんどん増えていき、新たな常連さんも増えていった。

「お客さまは老若男女幅広いのです

を伝えていけたらいいなと思って」

遠い将来の夢もある。

「おばあちゃんになっても、ここでパンを焼き続けること。昔ながらの商店街によくありますよね。"あの店のおばあちゃん、まだ続けてるの!?"っていわれるようなお店（笑）。そういう存在になりたいんです。オープンから7年続けてきましたが、先は長いので、"パン屋の名物おばあちゃん"になるべく、日々、頑張っていきたいと思います」

んある。

「狭い店ですけど、少しレイアウトを変えて少人数制のパン教室を始めました。私がパン教室でパンづくりの楽しさに目覚めたように、ここでパンをつくる面白さと、この店の味

わたしの7つ道具

1 ニーダー

パン生地をこねるための専用の器械が、ニーダー。パン教室時代から使っていた、大正電機のレディースニーダーを4台使用している。

2 オーブン

ドイツのメーカー、AEGのオーブンを使用。こちらも、パン教室で使っていた、慣れたものをチョイスした。微妙な温度調節が可能。

3 カード

ボウルの側面などについた生地をきれいにはがすための道具。角があると使いにくいので、自分で角をカットして使っている。

9 Fluffy

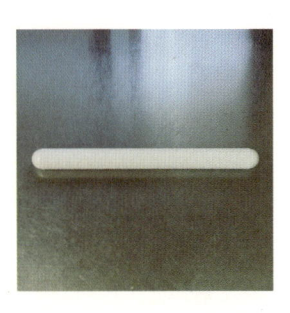

4 ガス抜き麺棒

表面に溝がついていて、パン生地のガスを抜くことができる麺棒。使用頻度が高いため、年1回は折れてしまうので、これで4本目だとか。

6 天然酵母自動発酵器

ホシノの天然酵母と発酵器を使用している。天然酵母とぬるま湯を入れるだけで、温度を一定に保ち、手軽に生のパン種をつくることができる。

5 スケール

粉などの材料を量るとき、パン生地を同じ重さにわけるときなどに使用する。洗えるタイプなので、いつでも清潔を保てるところがお気に入り。

7 ミキサー

クイジナートのミキサーを使用。スコーンの仕込みやランチセットに添えるポタージュをつくるときなど、幅広い用途に活用している。

Fluffy
フラッフィー

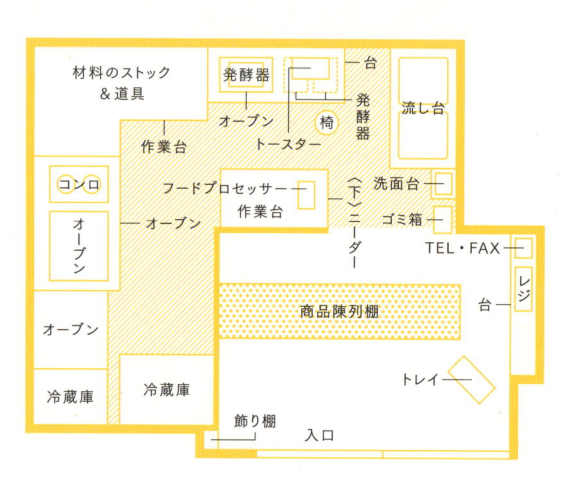

店舗レイアウト図中のラベル:
材料のストック＆道具／発酵器／台／オーブン／流し台／作業台／オーブン／トースター／椅子／発酵器／コンロ／フードプロセッサー／洗面台／オーブン／作業台／（下）ニーダー／ゴミ箱／TEL・FAX／オーブン／レジ／台／商品陳列棚／冷蔵庫／冷蔵庫／トレイ／飾り棚／入口

お店のプロフィール

オーナー　奥村香代さん（おくむらかよ）
1971年4月3日生まれ
住所　東京都渋谷区鶯谷町4・15
最寄駅　渋谷
電話　03・3461・8655
HP　http://www.happyfluffy.net/
営業時間　11時〜19時
定休日　日曜、月曜、水曜、祝日
店舗面積　10.5㎡
オープン日　2007年7月3日

店舗オープンまでのスケジュール

1997年4月　パン教室に通い始める
1999年5月　パン教室のスタッフになる
2003年1月　パン教室を辞めて通販を開始
2006年11月　開業を決意　HP開設
2007年5月　不動産契約 仕入れ先の確保 開店準備を始める 物件探し
2007年6月　DM作成
2007年7月　お店をオープン
2007年5月　内外装工事 厨房機器の調達 什器の調達

開業のための資金

開業資金　TOTAL　621万円

〈内訳〉
店舗取得費　100万円
内外装費　400万円
厨房機器費　100万円
家具・什器費　10万円
広告宣伝費　1万円
仕入費　10万円

〈資金の調達方法〉
自己資金　221万円
借り入れ　400万円（両親から）

96

Q & A

2

1 パン屋さんになるためには、必ず修業が必要？

パンの上にも3年

一般的には、どこかのパン屋さんで働き、パンづくりとお店の運営を経験してから独立開業するのが、ごく普通の「パン屋さんになる方法」です。

でも最近は、必ずしもそのルートをたどってパン屋さんになる人ばかりではありません。

パン教室出身の人や、インターネットでのパン販売を経て実店舗を構えた人もいます。その中には、「パン屋さんでアルバイトをしたことすらありません」というオーナーもいます。

ひと昔前に比べて、パン屋さんになる方法は多岐にわたっています。

ただ、教室で教えたり、ネットで販売したりするのと、パン屋さんを開くのとでは大きく違います。

パン屋さんは、朝、かなり早く起きなければならないし、ずっと立って作業をしたり、重いものを持ったりすることも多いので、体力が必要です。

また、大きなパン屋さんでスタッフとして働くのなら、パンづくりの工程のうちどれかひとつだけを担当すればよいですが、自分で開業するとなると、ひとりで仕込みから焼き上がりまでの全工程を管理しなくてはなりません。

そして、パン屋さんの仕事は「パンをつくること」だけではありません。

材料の仕入れ、売上の管理、お店にかかわるほんのちょっとしたことまで、すべて自分で行わなければならないのです。

今回、取材したオーナーの中には、「開業して初めて、パンづくりだけに集中するわけにはいかないんだと気づきました。電球が切れたら自分で買いに行かなくちゃいけないし、その間、パンはつくれない。そんなちょっとしたことがストレスになりました」という人もいました。

開業するにあたって、一番ギャップが少ないのは、パン屋さんで働いてみることですが、パン屋さんでの修業が絶対に「必須」というわけではありません。

2 女性ひとりでパン屋さんを始めるのって難しい？

パンダの手も借りたい

個人でパン屋さんを開業する女性は、増えてきています。パン屋さんでパンを買ったり、パンのイベントに足を運ぶのは女性に多く、女性オーナーのほうが消費者のニーズをキャッチしやすいというメリットがあります。パンの種類やお店の雰囲気も、女性のお客さまに好まれそうなものを考えられます。

パン屋さんのオーナーになるのは簡単なことではありませんが、地道にお店を続けている女性オーナーはたくさんいますし、決して無理なことではありません。

ただ、製造はひとりで行うとしても、販売はアルバイト・スタッフや家族に手伝ってもらうのが一般的です。

製造も販売もひとりで行うのなら、営業時間も製造のための時間も限られてくるので、毎日のタイムスケジュールを慎重に考えることをおすすめします。

まったくひとりで営業する場合、従業員の給料を払う必要がないので、コストはおさえられますが、そのぶん、売上にも上限が出てきます。

また、これはとある女性オーナーがいっていたことですが、「女性オーナーは業者に足元を見られる」ということが現実問題としてあるようです。

店舗工事の内装業者、食材を仕入れるための業者など、交渉してわたり合わなければならない相手がたくさんいます。中には、個人で初めて開業する女性のことを、尊重してくれない業者もいます。

そんなときには、毅然とした態度で自分の意見をはっきりいいましょう。お金を出すのは自分なのです。自分のやりたいお店をつくり、自分の好きなパンをつくるために、ときにはいいにくいこともはっきりいう強さが必要です。

そして、どのオーナーも同じようにいうのが「大きく儲けたいのなら、個人営業のパン屋さんは辞めておいたほうがいい」ということ。何よりも「パンが好き、パンづくりが大好き」という情熱がないと、続けられない仕事です。

3 どうやってコンセプトを立てればいい?

パン屋さんに限らず、どんなジャンルでも「お店を始めよう!」と思ったら、まずやることは「コンセプトを立てる」ことです。

コンセプト立案といわれると難しく感じるかもしれませんが、噛み砕いていうと、「自分がどんなお店をもちたいのかをイメージして、明確にしておく」という作業です。

あなたは、どんなパン屋さんを開きたいのでしょうか?

地元の人たちに愛される、町の小さなパン屋さんでしょうか。

流行に敏感なお客さんに、独創的なパンを出す、個性の強いお店でしょうか。

そのお店は、パン販売のみの場所でしょうか。

それとも、カフェを併設してお客さまにゆっくり過ごしてほしいのでしょうか。

お店に立っているのは、あなた自身でしょうか。

それとも、販売は別のスタッフに任せて、あなた自身は厨房でパンづくりに専念していたいのでしょうか。

お店のインテリアは? 参考にしたいお店はありますか?

どんなお客さまに来てほしいですか? 家族連れ、ママさん、それともひとり暮らしの若い女性?

こんな風に、イメージを膨らませてみてください。

この段階ではあくまでイメージに過ぎないので、資金や自分の技術力など、現実的なことはいったん横に置いておいても構いません。

やりたいお店のイメージを十分に膨らませたら、それを現実に落とし込んできましょう。お店の「コンセプトシート」「イメージシート」をつくるのです。

コンセプトシートは、お店づくりのおもとになるものです。何度か見直し、書き直しながら、コンセプトを固めていくことになります。ノートを一冊、そして書くものを用意してください。

100

4 コンセプトシートはどうやって書くの？

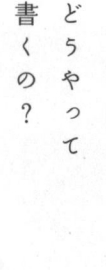

モ・チ・ベ・イ・ショーン

コンセプトシートを書くにあたって、いちばん大切な項目があります。

それは、「開業の動機」。

あなたは、なぜパン屋さんをやりたいのでしょうか？

パンをつくるのが何よりも好きで楽しいから。

おいしいパンをたくさんの人に食べてほしいから。

理由は人それぞれ、いろいろあると思います。

この「開業の動機」は、お店をつくり、続けていく上で、とても大切な要素です。悩んだり、壁にぶつかったりしたときにいつも立ち戻ってくる場所、それが「開業の動機」です。

どうして私はパン屋さんを始めたいと思ったのだろう？ その動機の部分が明確になっていれば、迷ったときにもきっと道は開けます。逆に、動機の部分がはっきりしていないと、やりたいことがどんどんブレてしまいます。

開業の動機が明確になったら、以下の項目に対する答えを、ノートに書き込んでください。それがコンセプトシートになります。

- どうしてお店をやりたいのか
- どんなお店にしたいのか
- お客さまはどんな人か
- どこでオープンしたいのか
- いつオープンしたいのか
- 誰と営業するのか
- 営業時間、営業曜日
- 商品の価格帯
- 1日の売上、1カ月の売上

文字にして書くことで、ぼんやりとしたイメージだけだった「自分のお店」が、具体的になってくるはずです。

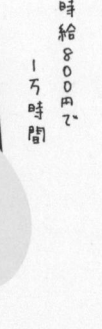

5 開業資金ってどれぐらい必要だろう？

時給800円で1万時間

パン屋さんは、さまざまな飲食業の中でも、とくにお金がかかる業種です。基本的な厨房機器に加えて、オーブン、ホイロ、ミキサーなど、パンづくりにどうしても必要とされる機材はとにかく高価で、値引きもあまり期待できないからです。性能が上がれば、当然、価格もそれだけ上がります。

一般的に、個人がパン屋さんを開業する場合に必要な資金は、小さな店舗で経費をおさえても800〜1000万円といわれています。

ただ、自宅で開業する、中古機材を使用するなどして、費用を削減することは可能です。100万円以下の資金で、自宅でパン屋さんを開業した人もいます。限られた予算内でやりくりするには、自分なりの優先順位をつけて、多少の妥協をすることも必要です。

開業に必要な資金の項目は、以下の通りです。

● 店舗取得費（保証金・仲介手数料・家賃）

● 内外装費

● 厨房機器費（パン製造機材）

● 什器・備品費（家具・食器・調理器具）

● 広告宣伝費（ショップカード・チラシ・ホームページ制作）

● 仕入資金

● 運転資金

店舗取得費は一般的に、家賃10カ月分の保証金、家賃1カ月分の仲介手数料、そして2カ月ほどの家賃が必要になります。

運転資金は、経営が軌道に乗るまでの家賃や人件費を補填するためのお金です。お店をオープンしてからは、毎日の光熱費もかかります。

運転資金に余裕がないと、売上が伸びず、ほんの数カ月で閉店、ということになりかねません。できれば半年ぐらいは、利益がなくてもやっていける程度の運転資金を確保しておきたいところです。

収支試算表の主な項目

ランニングコスト	家賃・水道光熱費・設備投資費の返済・リース費・人件費・消耗品・通信費等
仕入原価／月	原材料の仕入れ値・包装材
売上目標と製造数	【1日の最低集客数×平均客単価＝最低売上高】A 【(1日の最大製造数－製造ロス数)×パンの平均単価＝最大売上目標】B 【(A＋B)÷2＝平均売上目標】C 【C×1カ月の営業日数＝月間売上目標】
ロス率	製造ロスは売上の1％、販売ロス（売れ残り）は5％以内におさえたい
月の収支	【月間売上目標－仕入原価＝粗利】 【粗利－ランニングコスト＝純利益】

6 開業資金はどうやって集めればいいの？

自己資金だけでパン屋さんを開業するのは、なかなか難しいものです。ほとんどのオーナーが自分で貯めたお金だけでなく、借り入れをして開業資金を調達しています。

「収支試算表」は、お金の使い方を数字で表した資料で、事業計画書に含まれることもあります。オープンから3年程度までの試算をしてみましょう。必要な主な項目は以下のとおりです。

● ランニングコスト
● 仕入原価／月
● 売上目標と製造数
● ロス率
● 月の収支（粗利と純利益）

個人事業主にとって融資の相談をしやすいのは、日本政策金融公庫、地元の地方銀行や信用金庫など。また、新規開業者への融資を行っている地方自治体もあるので、地元の地方自治体や商工会議所へ問い合わせてみましょう。中には、公的な助成金制度を設けている自治体もあります。助成金は融資と違って返す必要がないので、活用できるならひしたいところです。

融資を受けたり、助成金をもらうためには、審査が必要です。その際に提出するのが、「事業計画書」と「収支試算表」です。

「事業計画書」「収支試算表」ともに、インターネット上にフォーマットや書式例があります。中小企業庁のホームページにも具体例が掲載されています。先輩オーナーに書き方を聞いてみるのもいいでしょう。

これらの資料をもとに、あなたのやりたいお店に将来性があると判断されれば、融資を受けたり、助成金をもらうことができます。

「事業計画書」とは、P101で書いたコンセプトシートを、より詳細に具体化して記したもの。

7 店名やロゴは、どんなふうに決めている？

お店の名前なんて後で決めればいいんじゃないの？ と思われるかもしれませんが、物件探しのために不動産屋さんへ行ったり、業者との交渉をしたりする際に必要になるので、あらかじめ決めておいたほうがベターです。

ロゴも、つい後回しにしてしまいがちですが、看板やショップカード、チラシ、ホームページなどを制作する際に必要になります。

本格的な開業準備が始まるとバタバタしてゆっくり考えることが難しくなるので、お店の名前とロゴは、先に考えてつくっておいたほうがよいでしょう。

店名を考えるときに大切なのは、その名前で「お客さまに何を伝えたいのか」ということ。

一番わかりやすいのは、「〇〇パン」「〇〇ベーカリー」「〇〇ベーグル」「〇〇マフィン」「〇〇蒸しパン」など、店名に商品名が含まれているパターン。何を扱っているお店なのか、誰にでもひと目でわかります。

店名で、お客さまにどんなお店なのかをイメージさせるパターンもあります。言葉の意味、響き、字面など、雰囲気を重視することによって、「このお店に行ってみたい」と思わせるのです。読みやすさ、おぼえやすさなども考慮しながら、いくつか候補を挙げて吟味してみましょう。

ロゴはデザイナーに依頼する場合もありますし、オーナー自らつくってしまうこともあります。

デザイナーに依頼したいけど知り合いがまったくいない、という人は、自分が好きなロゴを使っているお店に問い合わせて、デザイナーを紹介してもらうのが早道です。

高名なデザイナーに依頼するとびっくりするような費用がかかってしまいますが、一般的には数万円ですみます。複数のデザイン会社や個人デザイナーに見積もりを取ってみるといいでしょう。

8 メニューでオリジナリティを出すには？

試食もうムリ

お店を開く上で、「どんなパンを出すのか」ということはとても大事です。フランチャイズのお店であれば、種類の豊富さと安さが売りになりますが、個人店の場合は、また話が違ってきます。

そのお店でしか味わえないような個性のあるパンを提供すること、大きなフランチャイズ店ではできないようなこだわりを持つことが、個人店においては重要なのです。

それは何も、見た目が派手で奇抜なパンをつくる、ということではありません。

生地、味つけ、トッピングなのか。自分がパンづくりにおいて、どんなことにこだわりたいのかを明確にしておけば、自然と自分だけの個性が見えてきますし、「これだけは譲れない」という部分がわかってくるはずです。

「こんなパンを出したい」というのが固まってきたら、試作と試食です。

試食といっても、自分ひとりで食べて満足していては意味がありません。なるべくたくさんの人に食べてもらって、率直な意見をもらいましょう。

自分がお店をオープンしたい地域の人々の年齢層や家族構成を考えて、その人たちに受け入れられるメニューを考え、その中でいかに個性を出していくかを考えながら、試作に取り組んでください。

もし、小さなお店をひとりで開業しようと思っているのなら、「ひとりでつくれる範囲のメニュー」を考えることも必要です。

あれもこれもいろんなパンをつくりたい、と思うかもしれませんが、最初はオペレーションがうまくいかないこともあります。たくさんつくっても、売れ残りが増えてしまう可能性も。

確実につくれて、ロスが少ないメニューを考えるようにしましょう。

9 店舗物件はどうやって探せばいいの？

物件を探すために最初にやらなければならないことは、お店を出すエリアを決めることです。まったく知らない土地で開業するのはリスクが高いので、親しみのある町や住んだことがあるエリアを選ぶのがベター。

エリアを決めたら、その地域の不動産屋を片っぱしから当たりましょう。インターネットでの情報収集も欠かせません。自分の足で空き物件を探したというケースも多いようです。

ほんの数日、物件を見て回っただけで決める人はほとんどいません。3カ月から、長い人だと1年ぐらいかけてじっくり物件を探します。

物件探しに際しては、求める条件を整理しておくことが大事です。具体的には、家賃、店舗面積、場所です。

まず家賃に関しては、売上が予想できないと決められません。売上に見合った賃料を計算する必要があります。

次に店舗面積。パン屋さんはオーブンなどの大きな機材が必要な業種です。つくりたいパンの種類によって、必要な機材とそれが置ける面積が変わってきます。

そして場所です。住宅街にするのか、駅から近い場所にするのか、公園や公共施設の近くにするのか。具体的にイメージするようにします。

すべてが理想通りの物件に出合うことは難しいので、優先順位をつけて、譲れない条件と妥協できる条件を自分の中であらかじめ決めておきましょう。

また、希望するエリアの現状を正確に把握することも大事です。

その地域の人口、年齢層、男女比、交通量、交通手段、時間帯別の人出、近所のライバル店など。調べられることは調査し、自分の目で見て確かめるようにします。不動産業者のいうことを鵜呑みにせず、自分で、朝・昼・晩と物件の周辺を下見しましょう。土日・平日、晴天・雨天など、条件を変えて下見することをおすすめします。

これは、と思える物件に出合ったら、その状況を確認します。

最初に、店舗の履歴について。以前は何に使われていて、どれぐらいの期間、空いているのか。条件のよい物件にもかかわらず、長らく借り手がつかなかったり、逆にころころお店が変わったりしている場合、何らかの問題があるかもしれません。

不動産業者のほかに、物件周辺のお店の人などにも聞いてみましょう。

電気・水道・ガス・エアコンの状況を確認することも大事です。物件によってはガスや電気が引き込まれておらず、新たに工事費が必要になることもあります。

どうしても予算に限りがある場合、「居抜き」の物件を検討するのもひとつの方法です。居抜きとは、以前のお店から内装や什器等を引き継ぐ物件のこと。居抜き物件には、初期投資（改装費、設備機器など）をおさえられる、短期間でオープンできるなどのメリットがあり

しかし一方で、店内のレイアウトや構造が決まっている、建物や設備の老朽化によるトラブル、前の店舗の評判やイメージを引きずる、などのデメリットもあるので、冷静な判断が必要です。

雰囲気のいい、古い物件をリノベーションして開業したい、と思っている人もいるかもしれません。古い物件には独特の味があって魅力的ですが、思わぬところに意外な欠陥がある可能性があります。改装工事を始めてから、屋根や外壁等に致命的な欠陥が見つかり、想定以上の工事費と工事期間がかかってしまったという例や、営業を始めてから雨漏りが見つかったという例も。古い物件にはくれぐれも注意が必要です。

最後に、店舗物件の賃貸料は交渉が可能です。予算が合わない場合、交渉すれば家賃が軽減できる可能性は大なので、どうしてもここがいいと思ったら、諦めずに交渉をしてください。

10 パン屋さんに必要な厨房機器って何？

必要な厨房機器

1. オーブン
2. ミキサー
3. ドウコンディショナー（ホイロ）
4. 冷凍庫・冷蔵庫
5. 作業台
6. ラック

あったほうがよい厨房機器

1. フライヤー
2. リバースシーター
3. パイローラー

どのようなパンをつくるのかによって、必要な厨房機器も変わってきます。パンづくりの経験があれば、自分に必要な機器はおのずとわかってくると思いますが、絶対に必要なのが、オーブン、ミキサー、ドウコンディショナー（ホイロ）です。

パンを焼くためのオーブンは一番大事なので、機能重視で選びたいところですが、予算や物件に見合うサイズなど、制限が出てきます。

いろんなメーカーのカタログを取り寄せて比較検討してから、ショールームで実際の商品を見てみましょう。カタログのスペックだけではわからない部分がたくさんあります。

ショールームでは、一般的にテストベイクをさせてくれます。

使い勝手やオーブンの持つクセなど、実際に使ってみないと見えてこない部分がわかるので、ぜひテストベイクはやらせてもらいましょう。

ミキサーも、メーカーや型番によって

クセがあるもの。慣れないミキサーだと、生地が思ったような状態にこね上がらないこともあります。

自分が働いていたパン屋さんやパン教室で使っていたのと同じものを購入した、というオーナーが多いようです。

ひとりでパン屋さんを始めるなら用意しておきたいのが、ドウコンディショナー、略してドウコンです。

練った生地の冷凍から発酵までを管理してくれるので、深夜・早朝作業の負担を軽減できます。

ショールームで、メーカーの担当者にいろいろと質問してみることも大事です。プロの目から見た的確なアドバイスがもらえるので、店舗の図面など、詳しい資料を持参して相談してみましょう。

オーブン、ミキサー、ドウコンディショナー、どれも決して安いものではないので、失敗しないように慎重に選ぶようにしてください。

11 中古機材の注意点って何だろう?

中古機材のメリット

1. 必要経費をおさえられる
2. 幅広い厨房機器がそろっている
3. 複数のメーカーの製品を比較できる
4. 販売会社によっては保障がある

基本的に、機材は新品を購入するのがベストです。

機材には、経年とともに補いきれない性能の低下が発生します。新品ならば保障もしっかりついており、アフターサービスも万全です。

しかし、新品の機材はどうしても高くて手が出せないという場合、中古品（リサイクル品）を購入することも考えなければなりません。

オーブンやミキサーを中古にすると、100〜150万円ほど経費を削減することができます。

また、機材すべてを新品でそろえる必要はないので、目立たない場所に置く機材や簡単に故障するようなものでなければ、中古でも十分という場合があります。

中古機材を扱うお店は、さまざまな厨房機器を幅広く扱っているので、一度にいろんな機材をそろえられるというメリットがあります。

また、複数のメーカーのものを置いているので、それぞれのメーカーの製品を比較検討することも可能です。

中古機材を購入する際は、なるべく年式の新しいものを選ぶようにしましょう。当然のことですが、中古品は、新品にくらべて故障のリスクが高いものです。年数が経っていない機材のほうが、故障のリスクは低くなります。

経費をおさえるために中古品を購入したのに、修理費がかさんでしまったら本末転倒です。

購入後の故障のリスクを考えて、売りっぱなしではなく、メンテナンスの保障期間があり、アフターサービスが期待できる販売会社で購入することをおすすめします。

中には、機材の故障しやすい電気系統のみ新品に入れ替えてくれるような中古販売店もあります。

先輩のパン屋さんに尋ねるなどして、信頼できる中古機材販売会社を選んでください。

12 誰に設計・施工をお願いすればいい?

ごめんなさい!
業者A
業者B
業者C

不動産業者との契約が終わり、物件が決まったら、次は設計・施工です。

通常は、設計事務所やインテリアデザイナー、内装業者に発注します。それまでに多くの飲食店を手がけてきた業者に依頼するのが安心です。

自分がどんなお店を持ちたいのかをイメージして、それに近い雰囲気のお店の内装を手がけた業者を調べてみましょう。

パン屋さんに限らず、その他の飲食店、雑貨屋さんなどでも構いません。

業者は、インターネットや、店舗デザインの専門雑誌などで調べることができます。

いいな、と思えるお店があったら、誰が設計・施工を手がけたのか、直接聞いてしまうのも早道です。

少なくとも、3つの業者から見積もりを出してもらい、相場を把握するようにしましょう。

業者によっては大ざっぱに「工事費一式」といった見積もりしか出してくれないところもありますが、必ず項目ごとの細かい見積もりを出してもらうようにしてください。

設計や建築のことは素人なのでわからない……ととり込みせずに、疑問や要望はどんどん伝えることが大事です。

そこで適当にあしらわず、誠実に対応してくれる業者を選ぶべきです。

業者の選定に迷ったら、今までその業者が手がけてきたお店を見学してみるのもいいでしょう。

お客さまの目線になって、入りやすく、買い物がしやすいお店になっているかどうか、また、お店側の目線になって、作業動線は確保されているか、働きやすいお店になっているかどうかをチェックするようにします。

費用、対応、これまでに手がけてきた店舗などを総合的に判断して、最適な設計・施工業者を選んでください。

110

13 どうやって自分のイメージを伝えているの?

設計・施工業者が決まったら、具体的な打ち合わせに入ります。

一度ですべてが決まることはまずないので、何度も打ち合わせを重ねるのが普通です。

最初に、自分が理想とするお店のイメージを伝えるために、好きなお店の写真やキリヌキなどをなるべくたくさん持参するようにします。「パリっぽい感じ」などという抽象的な言葉だけでは、相手には正確に伝わりません。

設計・施工会社の担当者と一緒に、自分の好きなお店を何軒か見て回るというオーナーもいます。目で見てもらうのが、一番わかりやすいのです。

内装が完成してから「こんなはずじゃなかった」とならないように、できる限りのことをして具体的なイメージを伝えてください。

ひとりでパン屋さんを始める場合、あまり広い物件を借りることはできないと思われます。でも、パンづくりに必要な機材はかなり大きいサイズのものばかり。

パンづくりをしやすい厨房スペースや販売スペースもつくらなければならないので、無駄のない設計が必要となります。

自分の動きをシミュレーションしながら、設計担当者と一緒に図面をつくり上げていくことになります。

図面が仕上がったら、いよいよ工事が始まります。

ほとんどはプロに任せることになりますが、工事費をおさえるために、できるところは自分でやるようにしましょう。

壁塗りや床の張り替え、タイル張りなど、素人でもできる部分はあります。

ただ、素人作業はどうしても時間がかかるため、予定していた工事期間をオーバーするおそれも。

結局、プロに任せたほうがよかった、とならないように、自分の手でどこまでできるのかを見極めるようにしましょう。

14 パン屋さんに必要な資格って何？

パン屋さんに必要な届出・資格

1．営業許可	保健所へ問い合わせ
2．食品衛生責任者	保健所か食品衛生協会へ問い合わせ
3．開業届	税務署に提出

パン屋さんを開業するためには、地方自治体の許可と資格が必要です。

どのような形態で営業するかによって必要な資格は変わってきますが、絶対に必要なのが「営業許可」と「食品衛生責任者」の資格です。

まず、「営業許可」について。

気に入った物件があったからといって、勝手に営業を始めることはできません。各自治体に申請し、その場所でパンを製造・販売するための「営業許可」を得ることが必要になります。

それには、各自治体が定めている「施設基準」を満たさなければなりません。

もともとパン屋さんや飲食店だった物件ならば、以前に営業許可が下りているはずですから、スムーズに開業することができます。

新規にパン屋さんを開業する場合や、厨房設備を改造する場合は、施設基準に沿った設計が必要とされます。

工事がすべて終わってから、施設基準に反していたことがわかると、工事をやり直すことになってしまうので、経費も時間も余計にかかってしまいます。

そうならないように、大まかな設計図ができたところで、一度、保健所へ事前相談に行くようにしましょう。

保健所のホームページには、飲食店を開業したい人のための情報が掲載されているので、それをチェックしておくことも必要です。

図面を見て改善すべき点があれば保健所が指摘してくれるので、それを踏まえて、本格的な設計図を作成するようにします。

図面で保健所のOKが得られたら、工事に入ります。内装が完成し、機材が入った状態で、保健所の立ち入り検査があります。

ここで問題がなければ、無事、「営業許可」が下りることになります。

15 食品衛生責任者の資格と税務署への開業届って？

パン屋さんに限らず、飲食店を開業するために必ず必要な資格が「食品衛生責任者」です。

食品衛生責任者は、施設の衛生管理、従業員への衛生教育をするという役割があります。

調理師、栄養士、製菓衛生師などの資格を所持していれば、食品衛生責任者の資格をとる必要はありません。

これらの資格を持っていない場合、講習を受講すれば食品衛生責任者の資格を取得することができます。

講習は各地で定期的に開催されており、1日受講すればOKで、費用は1万円程度です。

簡単なテストがありますが、講習をしっかり聞いていれば合格点を取れるような内容です。

保健所か食品衛生協会のホームページを見て、問い合わせてください。数カ月先までの講習の日程と場所が掲載されています。

申込書はホームページからダウンロードできますし、保健所の窓口にも置いてあります。

開業までのスケジュールを考えて、なるべく早めに申し込みをして、受講しておくようにしましょう。

また、新たに事業を始めるときには、所轄の税務署に「開業届」を提出し、利益が出た場合、税金を納める義務があります。

開業後、印鑑を持参して税務署へ出向き、所定の用紙に必要事項を記入するだけです。費用は必要ありません。

開業届を提出したら、1年間（1月〜12月）の売上と経費をまとめて、毎年2〜3月に確定申告を行います。

これによって、所得税、住民税、事業税など、次年度の納税額が決まります。

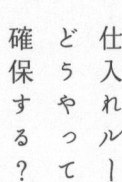

16 仕入れルートはどうやって確保する？

発注ミス…

パンをつくるためには、材料となる小麦粉やバターを仕入れなければなりません。

使用量の多い食材は、専門の仕入れ業者と契約し、お店まで材料を運んでもらうのが一般的です。

パンの材料としてメインになるのが、小麦粉、バター、塩、イースト。お店によっては天然酵母も必要です。

おいしいパンをつくるために、食材にこだわりたいと誰もが思うものですが、高級な食材が必ずしもよい食材とは限りません。

日常的に買える価格設定にするためには、高すぎる食材は使いづらくなります。お客さまに安定した味のおいしいパンを提供することと、価格帯とのバランスを考えて食材を選ぶ必要があります。

ほとんどのパン屋さんが、修業時代に働いていたお店で取引をしていた、面識のある食材業者に相談して、材料を仕入れています。

そのようなツテがない場合は、自分で食材業者を調べて問い合わせることになります。

パンやケーキ、飲食店の専門誌に広告を出している問屋やメーカーなどにいくつか連絡をとって、見積もりを出してもらうことになります。

個人店は、大手に比べて仕入れる量が少ないため、問屋を使いにくいのは事実です。

ただ最近は、個人店と積極的に取引をして販路拡大を目指す問屋やメーカーもあるので、個人店だからといって遠慮せずに、問い合わせてみることをおすすめします。

どうしても使いたいという食材があったら、製造元に直接、連絡をとってみることもできます。

ぜひこの食材が使いたい、としっかり交渉すれば、少量でも卸してもらえる可能性があります。

17 パンの値段はどうやって決めているんだろう？

ど・れ・に・し・よ・う・か・な

パンの価格を決めるために一番大切なことは、「商品に見合った価格をつける」ことです。

お客さまの立場になって価格帯を考えることも大事です。

学生街で高いパンばかりを売っても買う人は少ないでしょう。

住宅街でも、食にこだわりがありそうな人が多く住んでいる地域なら、少々高くても買ってくれる人がいるはず。

その地域でどんなパンが求められているのか、ニーズを正確に掴むようにしてください。

また、安く買えるお手頃な商品と、高くても上質な素材を使ったこだわりの品、両方がそろっていれば、お客さま自身がいろんな組み合わせでチョイスすることができ、「買いやすいお店」になります。

お客さまがどんなパンを求めているのか、自分はどんなパンをお店の売りにしたいのか、よく考えてバランスのよい価格設定を心がけましょう。

価格設定の基本になるのは、「原価率」です。

一般的には30〜40％が原価率の目安になります。

しかし、すべての商品を原価率30〜40％におさめる必要はありません。

少ない食材でつくれるシンプルなパンは、もっと原価率を下げられるはず。

逆に、フルーツや高級食材を使ったパンは、原価率が40％を超えてしまうでしょう。

原価率の低いものと高いものを組み合わせて、トータルで30〜40％におさまっていればよいのです。

利益を上げたいからといって高すぎる値づけをしても売れませんし、高い材料を使っているのにあまりにも安く売っていては、利益を上げることができず、経営が行き詰まってしまいます。

18 お客さまに来てもらうにはどうすればいい？

開店しましたよ

　行列ができるような人気のパン屋さんでも、「オープン当初はまったくお客さまが来なくて、売れ残りのパンの山を前にして途方に暮れていた」という話は珍しくありません。

　中には、オープン初日からたくさんのお客さまが来て売り切れに……、というお店もありますが、それは例外中の例外。オープンしたばかりの頃は、知り合いぐらいしかお店に来てくれない、というのが普通なのだと思っておきましょう。

　ただ、ずっとその状態のままでは経営が立ちいかなくなります。

　お店の存在を近所の人たちに知ってもらい、地域に定着していかなければいけません。

　最もポピュラーな宣伝方法は、チラシを配ること。

　お店の営業が終わってから、近所の家にポスティングをしたというケースが多いようです。

　また、最近はブログやツイッターが有効な宣伝ツールになっています。

　最初は反応がまったくなくてがっかりするかもしれませんが、コツコツと続けていれば、徐々に広がっていくのがインターネットの世界。爆発的な効果はないかもしれませんが、続けることでじわじわと浸透していくはずです。

　雑誌やメディアに取り上げられるのも、大きな宣伝効果があります。

　全国規模のものでなくても、地元のフリーペーパーなど、取材の依頼があれば積極的に協力するといいでしょう。

　工事中から、開店日を知らせる貼り紙をしておくことも忘れずに。

　開業当初は、「ここにパン屋さんがあること」を知ってもらうように努めましょう。

19 パン屋さんの接客ってどうしたらいいの？

パン屋さんは職人の世界、おいしいパンさえつくっていれば、自然とお客さまはついてくるはず……というわけにはいきません。

買い物をするなら、やはり気持ちのいい接客をしてくれるお店で買いたいと、誰だって思うもの。

とはいえ、小さなパン屋さんをやるとなると、接客をすること自体が難しくなります。

パンをつくっているときに長くお客さまと話し込むことはできないし、ひとりでお店を切り盛りするのは大変なので、つい、お客さまに疲れた顔を見せてしまうこともあるかもしれません。

今回、取材させていただいたパン屋さんの中には、オーナーがお客さまと笑顔で楽しく会話しているお店がいくつかありました。

そういったお店の場合、お客さまの側もパンを買うことだけでなく、オーナーと話をすることを楽しみにしてお店に来ているような印象を受けました。

一方で、オーナーは厨房でパンづくりに専念して、販売はスタッフに任せているお店もあります。

この場合も、販売スタッフがパンの特徴を伝えるなど、お客さまとしっかり会話をしていました。

向き不向きもあるので、どうしても接客が苦手ならば、自分はパンづくりに集中して、気持ちのいい接客ができるスタッフに販売を任せる、という方法もあります。

自分が買い物をしたときによい接客をしてもらったら、それがパン屋さんでなかったとしても、自分のお店に積極的に取り入れるようにしましょう。

ちょっとした言葉や笑顔ひとつで、お客さまの印象は大きく変わってくるものです。そのときの印象が、リピーターにつながっていきます。

小さなお店だからこそ、接客はとても大事なのです。

20 お店のホームページはどうやってつくる?

仕上げはオーブンで

お店のコンセプトは、店内写真を添えてなるべくわかりやすく伝えます。パンの種類については、一つひとつ詳しく、写真入りで、特徴と価格を明記するとよいでしょう。

お店の地図も重要です。場所がわかりづらい場合は、目印になるような建物を地図に入れておくと親切です。

SNSやネットショップを併設すると、見る人にとって、より楽しいホームページになります。

そして大切なのが、ホームページを開設したら、なるべく頻繁に更新すること。つくりっぱなしで更新されないホームページやSNSは、よい印象を与えません。長らく放置されているホームページは、「このお店、もうやっていないのかな?」と思われるおそれもあります。毎日の更新が難しかったとしても、新メニューができたときや、季節の変わり目など、なるべく時間をつくって更新するようにしましょう。

今や誰もが、パソコンや携帯電話でインターネットを使っている時代。多くのパン屋さんが、ホームページを開設しています。ホームページで商品やお店の雰囲気を確認してから来店するお客さまも少なくありません。

簡単な構成のホームページならば自分でつくることも可能ですが、お店の雰囲気を伝えられるような素敵なホームページをつくりたいのなら、プロに任せたほうが安心です。

ホームページの制作会社やフリーのデザイナーに依頼してみましょう。その際に、ページの一部は自分で更新できるようなシステムを入れてもらうのがおすすめです。思い立ったときにすぐに情報を配信できますし、更新料の削減につながります。

必ず掲載するべき情報は、お店のコンセプト、パンの種類、そしてお店の住所、地図、営業日・営業時間といった基本情報です。

21 一緒に働くスタッフはどうやって見つける?

パン屋さんを開業する場合、ひとりでパンをつくりながら接客も同時に行うのは至難の業です。

もし、それができたとしても、お客さまを必要以上に待たせてしまうことも考えられます。

オーナーは、スタッフが気持ちよく働けるようにリーダーシップを発揮しなければいけません。

最初のうちは、パン屋さんでの販売経験があるスタッフに入ってもらったほうがスムーズです。

挨拶や接客、レジ、領収書の書き方など、細かい部分についても、「こうしてほしい」というお手本を見せて、ときには言葉ではっきり伝えることが必要です。

ひとりよがりにならないように、スタッフの声に耳を傾けることも大事ですが、お店のオーナーは自分自身です。人の意見に惑わされず、自信を持ってお店を切り盛りしていきましょう。

製造日と販売日を完全にわけることも可能ですが、そうすると週の半分くらいしか働けなくなります。

オープンしたばかりのお店なのに印象が悪くなってしまうかもしれません。

経営が軌道に乗るまでは不安かもしれませんが、自分以外に、販売スタッフをひとり確保しておいたほうが無難です。

オープン当初は家族や友人・知人に手伝ってもらうのもいいですが、長期的に続けてもらうのが難しい場合は、アルバイト・スタッフを雇う必要があります。

お店にアルバイト募集の貼り紙をしたり、知り合いに紹介してもらうなどして、スタッフを探しましょう。

スタッフ探しには意外と時間がかかる

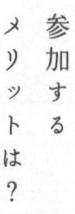

22 イベントに参加するメリットは?

ここ数年、パンの即売イベントが増えています。

地域の小さな即売会から、全国規模の大きなイベント、パンに限らずさまざまな食料品を扱うイベント、展示会などのテーマに合わせて特別なパンを製造・販売するイベントなど、その種類はさまざまです。

イベント参加がきっかけで実店舗を持ったというパン屋さんもあり、そういったお店は、開業後も積極的にイベントに参加しているようです。

いろんな地域の人が集まるイベントに出店することで、お店の名前を広めることができるのです。

イベントに参加するメリットは、「お店の知名度を上げられる」という点にあります。

パン屋さんは地域密着が重要な業態だから、ご近所じゃない人にお店の名前を知られても……と思うかもしれませんけれど、パン屋さんは「口コミ」が大事な業態でもあります。

パン好きの人は全国各地いろんな場所にあるパンを食べ歩き、ブログでそれをリポートしている場合が多く、パン好き同士のネットワークも確立されています。

イベント参加は、口コミを広めるための絶好の機会。お店の名前が広まることで、ご近所の方々が注目してくれることにもつながるのです。

イベントに参加するためには、通常、お店で販売するパンのほかにイベント用のパンを大量につくる必要があります。

また、イベント当日はお店のスタッフに任せたり、場合によってはお店を休業したりしなければならないことも。

簡単にできることではありませんが、イベントによく参加するパン屋さんは「いろんなお客さまと出会えることが楽しい」「パン屋さん同士の、横のつながりができるのが嬉しい」といいます。

お店の現状を判断しつつ、イベント参加を検討してみてはどうでしょうか。

23 パンの通販を始めてみたいんだけど……

いきなりパン屋さんを開業するのはハードルが高いので、まずは通販から始めてみたい、という人も中にはいるかもしれません。

世界中から、ありとあらゆるものがネットで購入できる現在。パンもその例外ではなく、通販でパンのお取り寄せをする人は全国にたくさんいます。

実店舗を持つよりもリスクが低く、実際にパン屋さんとしてやっていけるのかどうか見極めるという意味でも、ネット販売は試してみやすいものです。

でも、気をつけてください。

自宅でつくったパンを勝手に販売することは、法律的に許されていません。

お客さまを相手に販売することは、「営業」になります。これは、通販でも対面販売でも同じです。

営業をするためには、必要な資格と許可、施設の基準があります。

以下のことに注意してください。

① 営業許可を取得する

実店舗を持つ場合と同様に、保健所に相談して営業許可をとる必要があります。

② 自宅のキッチンでは製造できない

パンを製造する場所と、自宅のキッチンや居間などの生活空間とは、完全に区別しなければいけません。ほかにも自宅用とは別のシンクや手洗い器など、クリアすべき施設基準があります。

③ 食品衛生責任者の資格を取得する

これも、実店舗を持つ場合と同じです。保健所、または食品衛生協会へ問い合わせてください。

④ 開業届

税務署へ問い合わせて提出してください。

また、場合によっては「包装」と、材料、添加物、賞味期限、責任の所在などを明記した「食品表示」が必要になることもあります。

手軽に始められるネット販売ですが、守るべきルールはきちんと理解して守るようにしてください。

24 パン教室を始めてみたいんだけど……

○○パンマン？

パン屋さんを始める前に、まずは自宅でパン教室を開いてみたいという人も多いのでは。

パンの専門店での修業経験はなく、パン教室の講師を経て、お店を開業したというオーナーも増えてきています。

では、パン教室を開くために必要な資格とは何でしょうか。

結論からいうと、パン教室に資格は必要ありません。技能レベルを表す資格を持っていれば、生徒を集めるためのメリットになるかもしれませんが、国家資格であるパン製造技能士やその他の民間資格も、絶対に必要とされるものではありません。

実際に何の資格も持たずに、パン教室を開いている講師もたくさんいます。

パンを販売するためには営業許可と食品衛生責任者の資格が必要ですが、教室であれば、これらの許認可も必要ありません。

税務署に開業届さえ出せば、明日から

でも教室を開くことは可能です。

ただ、念のために一度、保健所に相談しておくことをおすすめします。

教室でつくったものをその場で食べるのであれば、許認可は必要ありませんが、ほんの少しでも販売したいという場合は、P113で挙げたような許認可が必要となるので気をつけてください。

パン教室には、受講者が使う厨房機器、材料、光熱費が必要になります。

そのコストとバランスを考えて、受講者からいただく料金を設定しましょう。

また、教室を開いても、生徒が集まらなければどうにもなりません。

受講してくれそうな人が周囲にいるのか、今後、その人数を増やしていけるのかなど、教室を始める前にしっかり考えておきましょう。

25 パン屋さんに向いてるのってどんな人？

パン屋さんを開業するためには許認可が必要ですが、パン職人になるために必要な資格はありません。

それだけに、体のメンテナンスには気を使っている女性オーナーが多いようです。個人経営の場合、オーナーが倒れてしまったら、お店が立ちいかなくなってしまいます。

必要なものを強いて挙げるとすれば、「経験」です。

ただしこれも、人それぞれです。10年以上、さまざまなパン屋さんで修業してきた人もいますし、2年ほどの経験で開業したパン屋さんもいます。パンづくりは長く続けてきたけれど、パン屋さんで働いたことはない、というオーナーもいます。

オープン当初は体力・気力ともにみなぎっていますが、あまりにも長く無理な営業を続けることは困難です。年齢とともに変化する、自分の体に向き合うことも大事です。

全員に共通しているのは「パンが好き」「おいしいパンを食べてほしい」という気持ちです。

休める日にはしっかり休み、体を気遣って健康を保つことが、長くお店を続けていくための必須条件です。

そんな思いをずっと持ち続けられる人が、「パン屋さんに向いている人」なのでしょう。

「パンをつくること」と、「お店を経営すること」は、また違った能力が求められます。自分のつくりたいパンと、売れるパンとが違うこともあるでしょう。

また、パン屋さんは体力的にハードな仕事です。

それでも、「パン屋さんになりたい」と思った最初の気持ちを忘れずにいることが、「続ける」ことにつながるのです。

続ければある程度は慣れて効率よく動けるようになってきますが、それでも、

パンラブ♡

あとがき

パン屋さんといえば、職人の世界。厳しく長い下積み期間が必要で、体力的に、女性には無縁の仕事……長いこと、そんなふうに思っていました。

でも、ふと気がつくと巷には女性のパン職人や、女性オーナーのパン屋さんが増えてきています。

今回、取材させていただいた女性オーナーたちは、そんな数々の困難を、女性ならではのしなやかな感性と、あきらめない心の強さ、そして何よりも「パンが好き、パンづくりが大好き!」という熱い気持ちで乗り越えてきた方ばかりです。

下積みの必要性や、体力面での難しさは、事実、今でも存在します。

パン屋さんになるには、単にパンが好きなだけでは務まりません。お金も、経験も、経営努力も必要です。

124

体力的にも精神的にも、ラクな仕事ではありません。それでも根底にあるのは、やはりパンづくりへの熱い情熱です。この本が、パン屋さんの開業を目指す方々の参考になれば幸いです。新たな「おいしいパン屋さん」が、一軒でも多く生まれることを願って。

田川ミユ　Tagawa Miyu

編集プロダクション、出版社を経てフリーランスの編集・ライターに。著書に『20代でお店をはじめました。女性オーナー15人ができるまで』『30代でお店をはじめました。女性オーナー17人ができるまで』『男子、カフェを仕事にしました。女性クリエイター15人ができるまで』『ものづくりを仕事にしました。男性オーナー12人に学ぶお店のはじめかた』(雷鳥社)、『TOKYOカフェ』シリーズ(エンターブレイン)、『かわいいものができるまで』(ピエ・ブックス)などがある。

雷鳥社 既刊情報

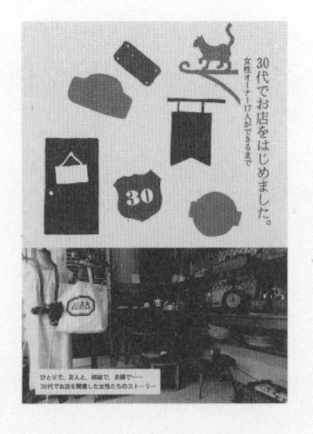

1

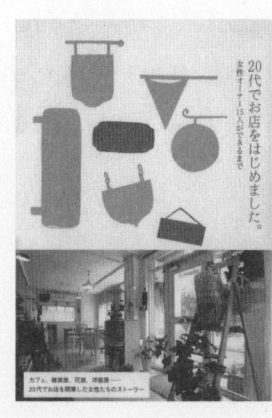

20代でお店をはじめました。
女性オーナー15人ができるまで
1600円+税

魅力的なお店には必ず魅力的なオーナーがいます。カフェ、雑貨屋、洋服店など、20代という若さでお店を持った女性たちのストーリー。開業までの歩み、お店を持つことによって生まれた内面的な変化など、彼女たちの人生の一部分を切り取りました。

2

30代でお店をはじめました。
女性オーナー17人ができるまで
1600円+税

知識、経験、資金、お店を出すために必要なあれこれを考えると、30代は絶好のタイミングかもしれません。ただ、30代女性は生活環境が変わりやすい時期でもあります。いろんな葛藤を乗り越えて開業に踏み切った女性たちのインタビュー集。

4

HOW TO become a cafe owner
男子、カフェを仕事にしました。
男性オーナー12人に学ぶお店のはじめかた

男子、カフェを仕事にしました。
男性オーナー12人に学ぶお店のはじめかた
1600円+税

開業前のカフェづくりのいろはから、どのように人を集めるのか? カフェを運営していくためには? など、開業後に必要なノウハウまでもが詰まった一冊。「カフェ」を「仕事」にして「続けていく」ことを目的とした、実践するためのカフェハウツー本。

3

ものづくりを仕事にしました。
女性クリエイター15人ができるまで

ものづくりを仕事にしました。
女性クリエイター15人ができるまで
1600円+税

布小物作家、陶芸家、あみぐるみ作家、フローリストなど、「好きなこと」を仕事にした女性たちのものがたり。「趣味」を「仕事」にしたことで生じる責任やプレッシャーとどのように向き合っているのか、女性作家にスポットをあてました。

小さなパン屋さん、はじめました。
女性オーナー10人に学ぶお店のはじめ方・続け方

2013年11月7日　初版第1刷発行
2016年6月29日　第2刷発行

著者　　田川ミユ
デザイン　林真（vond°）
写真　　金井恵蓮
イラスト　林真（vond°）
編集　　谷口香織
発行者　柳谷行宏
発行所　雷鳥社
　　　　〒167-0043
　　　　東京都杉並区上荻2-4-12
　　　　TEL 03-5303-9766
　　　　FAX 03-5303-9567
　　　　HP http://www.raichosha.co.jp/
　　　　E-mail info@raichosha.co.jp
　　　　郵便振替 00110-9-97086
印刷・製本　シナノ印刷株式会社

定価はカバーに表示してあります。
本書の写真・イラストおよび記事の
無断転写・複写をお断りいたします。
著者権者、出版者の権利侵害となります。
万一、乱丁・落丁がありました場合は
お取り替えいたします。

※この本に掲載されたお店のデータは
　2013年に取材したものであり、
　その後、一部を加筆修正しています。

©Miyu Tagawa / Raichosha 2013 Printed in Japan.
ISBN978-4-8441-3649-1 C0077